高温/高旋工况环境温/压/速传感测试系统关键技术研究

李 晨 著

中国原子能出版社

图书在版编目（CIP）数据

高温/高旋工况环境温/压/速传感测试系统关键技术
研究 / 李晨著. -- 北京：中国原子能出版社，2024.
12. -- ISBN 978-7-5221-3964-7

Ⅰ. TP212

中国国家版本馆 CIP 数据核字第 2024FP1406 号

高温/高旋工况环境温/压/速传感测试系统关键技术研究

出版发行	中国原子能出版社（北京市海淀区阜成路 43 号　100048）
责任编辑	陈　喆
责任印制	赵　明
印　　刷	北京天恒嘉业印刷有限公司
经　　销	全国新华书店
开　　本	787 mm×1092 mm　1/16
印　　张	10.875
字　　数	154 千字
版　　次	2024 年 12 月第 1 版　2024 年 12 月第 1 次印刷
书　　号	ISBN 978-7-5221-3964-7　　定　价　**65.00 元**

发行电话：010-88828678

作者简介

李晨，男，汉族，1987 年 5 月出生，籍贯山西省长治市。2015 年毕业于中北大学仪器与电子学院仪器科学与技术专业（硕博连读），博士研究生。现为中北大学半导体与物理学院教授，博士生导师，动态测试技术国家重点实验室成员，目前主要从事极端环境测试微纳传感器件方面的研究工作。先后主持了中央军委装备发展部军用测试仪器项目（重点）、中央军委科技委基础加强基金（重点）、国家自然科学基金（面上/青年）、航发集团产学研项目（重点）、科技部中央引导地方专项、装备发展部领域基金、装备预研航空动力基金、山西省自然科学基金（面上项目/青年项目）、博士后基金（特别基金/面上基金）等省部级以上项目 20 余项。获山西省科学技术一等奖 1 项、二等奖 1 项，获中国发明协会发明创新奖 1 项，荣获山西省"三晋英才"称号。累计申请专利 60 余项、国际（美国）专利 1 项，授权 50 余项（其中 3 项专利已在企业转化应用，取得良好经济效益）。在 *Energy Storage Materials*（lF：20.831，传感器材料方向顶尖期刊）、*Sensors And Actuators B-chemica*（IF：8.4，仪器仪表方向权威期刊）、*ACS Applied Materials & Interfaces*（IF：10.383，纳米科技方向权威期刊）、*ACS Applied Nano Materials*（IF：6.2，传感器纳米科技方向权威期刊）、*IEEE Electron Device Letter*（IF：4.8，仪器微电子领域权威期刊）等国内外期刊公开发表学术论文 50 余篇。近三年，所指导的研究生获得国家奖学金 4 人次，获中国研究生电子设计大赛奖、中国研究生创"芯"大赛奖及中国仪器仪表学会本科生优秀论文奖多奖项。

前 言

　　先进航空发动机制造是我国高端装备制造业的重点发展领域，新一代飞行器的更新迭代对航空发动机大推力、强动力输出、低功耗等核心性能提出了更高要求，现行有效的方式是通过提高"涡前温度"增大热效率从而提升推力。然而，"涡前温度"的提高使发动机内燃烧室、尾喷管、主轴轴承等关键部件在极端受限空间内的工作温度急剧升高，其内部热-声结构耦合效应等导致发动机在超高温燃烧环境下燃烧不稳定，造成燃烧脉动，降低发动机运行可靠性，甚至导致灾难性事故发生。基于此，研究并归纳航空发动机关键部件早期故障的非电量参数表征形式，针对特定参数进行精准检测并实现早期故障诊断具有重要意义。

　　燃烧室在早期磨损开裂故障发生时易造成燃气燃烧不充分，表现为气压与温度等参数发生极巨波动；主轴轴承出现裂纹使其在高速旋转过程中保持架转速参数失稳，同时轴承异常磨损使其表面温度快速升高。因此，对温度、压力、转速等参数的实时持续监测可发现燃烧室、轴承等关键部件早期故障表征。然而，传统工业传感器由于耐温性能限制，在对高温/高旋工况环境关键部件进行动态参数测量时，易出现测量精度低甚至无法正常工作，难以满足先进航空发动机高可靠性和动态性能测试的需求。

　　本书的主要内容包括：薄板应变式电容压力传感器理论模型研究，耐高温压力敏感芯片制备研究，C-V信号转换电路研究，单电容式压力传感器耐高温封装研究，差动电容式高精度压力传感器耐高温封装研究。轴承温/速测试理论模型研究，离线式温度转换模块设计制备研究，在线式温度转换模块设计制备研究，无线供电式温度转换模块设计制备研究，磁阻式轴承保持架

1

转速传感器设计制备研究，电涡流式轴承保持架转速传感器设计制备研究，转速信号转换电路设计研究。耐高温高精度压力测试系统采集器设计研究，耐高温高精度压力测试系统温度补偿软件设计研究，旋转轴承温度/转速参数实时在线测试系统设计研究，温/压/速联合测试平台设计搭建研究。耐高温高精度压力测试系统测试结果分析研究，旋转轴承温度/转速测试系统测试结果分析研究。

本书针对高温/高旋工况环境下的温度、压力、转速等参数的高精度测试进行了深入的理论分析、设计制备、搭载测试研究，形成一套耐高温高精度压力测试系统，以及一套旋转轴承温度/转速参数实时在线测试系统，研究结果表明：耐高温高精度压力测试系统可实现 23～400 ℃温度范围内、0～500 kPa 压力范围内联合测量，压力测试精度可达±0.95%FS。旋转轴承温度/转速参数实时在线测试系统可实现轴承 23～178.4 ℃温度范围内、0～50 000 r/min 转速范围内联合测量，转速测试精度可达 0.02%FS。解决了高温、高旋轴承内圈温度和保持架转速"测不到"，高温工况环境下原位压力参数"测不准"的问题。本书可以拓宽读者对高温特种温度、压力、转速等参数传感器件及测试系统的认识和理解，对特种环境参数测试教学提供支持。

由于作者研究领域与自身水平有限，且时间较为仓促，本书存在一些遗漏甚至错误之处，恳请广大读者、专家学者批评指正。

李　晨

2024 年 11 月

目 录

第1章 绪 论

1.1 研究背景及意义

本课题由国家自然科学基金面上项目（52275552）和中央引导地方科技发展专项（YDZJSX2022C007）资助，针对尾喷管、主轴轴承等先进航空发动机关键部件在高温/高旋极端工况环境下温度、压力、转速等参数在线精准测试需求[1-3]，提出了温/压/速敏感器件及测试系统设计制备及测试验证关键技术，以实现极端恶劣环境下温度、压力、转速等信号的原位高精度获取，以此作为航空发动机关键部件的故障诊断依据[4-9]，提升飞行控制安全。

先进航空发动机制造是我国"十五"规划至"十四五"规划中根本性支持的高端装备制造重点发展领域，同时新一代飞行器的更新迭代对航空发动机大推力、强动力输出、低功耗等核心性能提出了更高要求。在大推力增强方面，现行的最有效方式即通过提高"涡前温度"增大热效率从而达到提升推力的目的。然而，"涡前温度"的提高使发动机内燃烧室、尾喷管、高压涡轮导向叶片等关键部件在极端受限空间内的工作温度急剧升高，其内部热-声结构耦合效应、进气道畸变、机组部件之间干扰等都会导致发动机在超高温燃烧环境下燃烧不稳定，在极短时间内温度、压力等参数产生剧烈变化，造成燃烧脉动，降低发动机寿命[10-13]。在降低功耗、提高效率方面，研究人员主要通过增大涡轮风扇发动机涡轮增压比、增加发动机转子转速的方式达成目的，大涡轮增压比使得发动机主轴将以 20 000 r/min 以上的速度运转[14-16]。与此同时，发动机主轴轴承等关键旋转部件在运转过程中承受更为复杂的热应力、气动激振力等复合作用，大大增加主轴开裂、轴承断裂、叶片疲劳失效等不可逆故障的发生概率，造成燃气燃烧不充分、流道气压骤变和转子热弯曲，降低发动机运行可靠性甚至导致灾难性事故发生，如不能及时检测并做出相应处理，将对人民生命财产安全造成严重损失[17-21]。基于此，研究并归纳航空发动机关键部件早期故障的非电量参数表征形式，针对特定参数进行精准检测并实现早期故障诊断是当前本领域重点研究目标[22]。

航空发动机关键部件燃烧室在早期磨损开裂故障发生时造成燃气燃烧不充分，表现为短期内室内气压与温度等参数会发生极剧波动。主轴轴承出现裂纹使其在高速旋转过程中保持架转速参数失稳，同时轴承内圈、保持架、外圈间异常磨损使其表面温度快速升高[23]，如图 1-1 所示。因此，温度、压力、转速等参数的实时持续监测可实现燃烧室、轴承等关键部件早期故障表征[24-25]。然而，传统工业传感器由于耐温性能差、制备工艺落后和安装位置空间小等限制，应用在高温/高旋工况环境关键部件处进行动态参数测量时精度低甚至无法正常工作，只能通过水冷降温、引压管传递压力、低温转子处测试后推演等牺牲关键部件结构尺寸和动态性能的方式进行，难以满足先进航空发动机高可靠性和动态性能测试的需求。目前国内的温度、压力、转速等传感器由于材料性能局限与结构设计问题，无法实现极端高温/高旋环境下多参数原位精准测量，而国外先进耐高温传感器已在航空航天发动机制造领域投入稳定应用，但相关技术对我国实施严厉封锁，亟须对核心测量方法及传感器制造开展研究，突破技术"瓶颈"[26]。

基于此，针对先进航空发动机高温/高旋极端环境的多参数高精度测试应用需求，研制出一种耐高温/高温高旋的温度、压力、转速等参数原位敏感测试器件，并通过硬件电路转换、软件补偿算法搭建具备运算存储及实时显示功能的测试系统，以便将航空发动机关键部件在高温/高旋状态下原位状态参数实时在线传输至主控系统，从而对发动机运行状态作出决策性判断，降低发动机的故障发生率，为航天航空飞行器长期健康有效运行提供技术保障，对我国航空发动机与智能检测设备发展具有重要意义[27-28]。

图 1-1　航空发动机关键部件故障类型及参数表征

1.2　国内外研究现状

目前，国内外针对航空发动机高温、高旋等极端环境下的状态参数监测大多采用传统的离线检测手段，即尽可能地将传感器敏感测试端安装在低温、定子模块，通过传热比计算、引压管模拟、引电器连接等方式近似推导高温旋转部件的原位数值，这种监测方法有严重滞后性，测试精度差，很难满足航空发动机实时精准测试需求。目前，国内外针对高温旋转工况环境原位测量的耐高温压力、转速传感器、高旋转部件表面无线温度传感器等基本处于基础研究阶段。而本研究中提出的基于氧化铝陶瓷差动电容式温-压复合传感器及测试系统、基于温度信号无线传输与非接触转速测试的温-速复合参数测试系统具备耐高温、非接触、高精度、实时在线等诸多优势，在航空发动机极端环境状态参数测试应用方面具有潜在优势[29-31]。下面将重点针对温度、耐高温压力、耐高温转速传感器的国内外研究现状及发展趋势进行简要综述。

1.2.1　温度传感器国内外研究现状

1.2.1.1　薄膜热电偶式温度传感器

基于 MEMS 技术的薄膜热电偶式温度传感器已成为金属表面温度测量的主要方法之一[32-33]。薄膜热电偶式温度传感器利用两种不同材料的薄膜在温差作用下产生的塞贝克效应，通过精确测量微小的热电势差，实现对温度变化的快速响应和高精度检测。

2006 年，格伦研究中心（NASA John H.Glenn Research Center，GRC）[34]在镍基超合金基片上成功制备了 R 型 MEMS 薄膜热电偶，并原位集成在涡轮叶片表面完成了 1 000 ℃下该热电偶的验证，如图 1-2（a）所示。美国普拉特·惠特尼集团公司（Pratt & Whitney Group）[35]在 FeCrAlY 合金基底上溅射 Pt/Pt-10%Rh（S 型）薄膜热电偶，在模拟工况环境下，测试偏差优于 0.02%℃/h，如图 1-2（b）所示。2016 年，印度国防燃气轮机研究机构的 Satish 等[36]利用电子束溅射工艺将薄膜热电偶沉积在发动机涡轮表面，其塞贝克系数为 42 μV/℃，如图 1-2（c）所示。薄膜热电偶测温法具备一定的航空发动机轴承内圈温度参数测试[37-39]研究基础，但需攻克旋转构件表面引线难题。

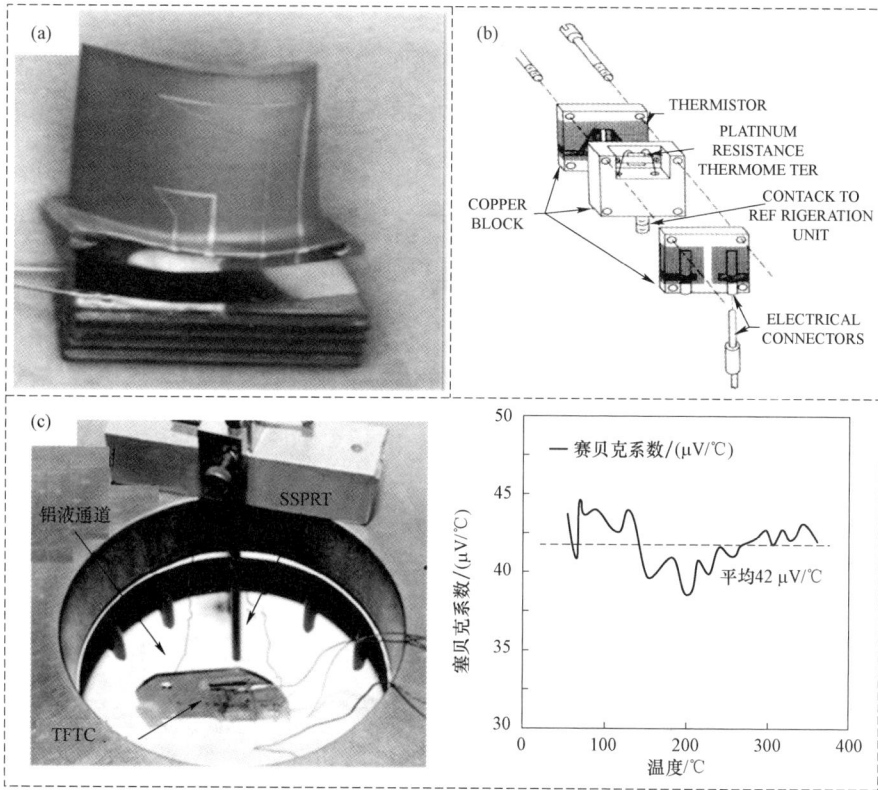

图 1-2　（a）NASA 格伦研究中心研制的 R 型薄膜热电偶；（b）美国 Pratt & Whitney 公司研制的 S 型薄膜热电偶；（c）印度国防燃气轮机研究机构研制的薄膜热电偶

1.2.1.2　红外热成像温度传感器

红外热成像温度传感器可通过探测器将接收的红外辐射能量转换为温度梯度，温度梯度再由热电堆转换为电信号，经过放大、整形、模数转换后得到数字信号，这些信号在显示器上显示为温度云。红外热成像为实时表面温度测量提供了一种有效、快速的方法，适用于温度分布不均匀的表面温度场测量或过热温度的表面监测[40]。

IR MEMS 的性能与红外热像温度传感器 IR 吸收剂吸收效率、热电堆性能、隔热层材料等因素密切相关[41]，其原理图如图 1-3（a）所示。因此，已有大量学者对如何增强 IR MEMS 性能开展了研究工作。例如，为了提高红外吸收剂的吸收效率，Hou 等[42]使用负载有多孔结构碳微粒（CMP）涂层（CMP/CNP-Si$_3$N$_4$-TiN）的碳纳米颗粒（CNP）、Si$_3$N$_4$ 和锡纳米颗粒作为吸收介质，如图 1-3（b）所示。实验结果表明，该涂层在 3～5 μm 至 8～14 μm 范围内具有作为高灵敏度宽带吸收剂的能力，吸收率分别达到了 93.8%和 92.6%。为了提高 IR MEMS 的时间响应率，Li 等[43]利用了一种在 111 晶片中制造的新型单面微加工技术。他们发现，与传统的多晶 Si-Al 热电偶相比，红外热电堆中串联的 P-Si-Al 热电偶表现出更高的塞贝克系数和更低的噪声。通过优化两个热电材料层的横截面积，提高了热电堆的信噪比（D^*），最终得到 342 V/W 的超高响应度和 0.56 ms 的超短响应时间，传感器实物图如图 1-3（c）所示。

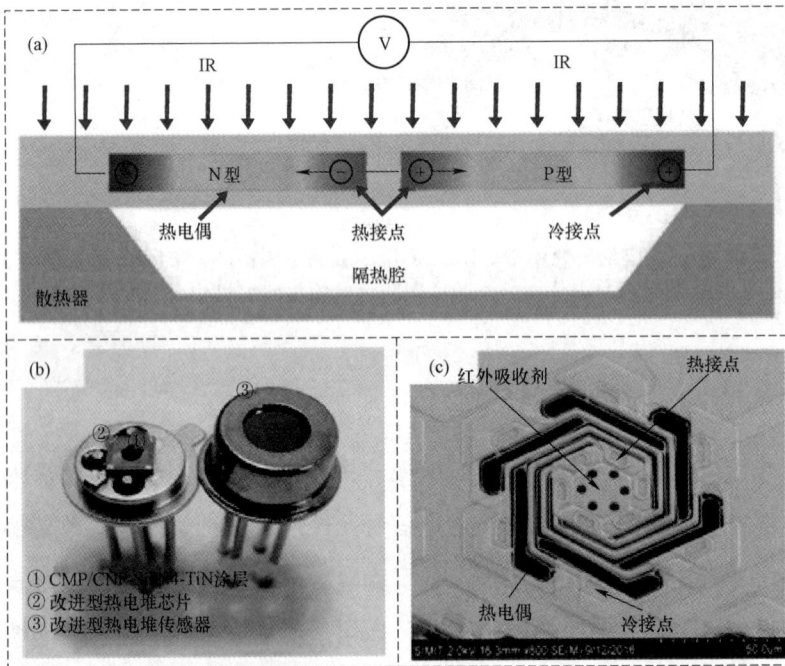

图 1-3　（a）IR MEMS 传感器原理；（b）沉积了 CMP/CNP-Si3N4-TiN 涂层的芯片中心传感区域；（c）热堆红外探测器

1.2.1.3 光纤温度传感器

光纤温度传感器是一种利用光纤传输来测量温度的传感器，当温度变化时光纤结构内的折射率发生改变，导致光学传输特性改变[44-49]。根据温度测量点的数量，光纤温度传感器通常被分类为点式、准分布式和分布式。

点式光纤温度传感器能够使用其温度测量方法测量空间中单个点的温度。弗吉尼亚理工大学[50]研究了蓝宝石光纤法布里-珀罗（F-P）传感器，发现该点式光纤温度传感器具有高耐热性和测量分辨率。该传感器利用温度测量端点处的热膨胀或热效应，引起在两束光束之间产生干涉现象。这种干扰引起光信号的相位和幅度的变化，从而评估测量点处的温度。该传感器的基本结构如图 1-4（a）所示。江的团队[51]对蓝宝石光纤传感器进行了一系列研究，最终开发出了全蓝宝石光纤温度传感器[52]。该传感器采用全蓝宝石结构封装,有效消除了高温条件下材料热膨胀系数的不匹配的问题,如图 1-4(b)所示。该器件能够在 1 000～1 500 ℃的高温下长时间工作，同时保持灵敏度随温度的线性增长趋势。在室温下进行的评估表明该传感器测量精度为 0.15 μm，误差小于 2%FS。此外，该团队提出了一种基于蓝宝石光纤传感器的高阶模式抑制技术，由于其高精度、高灵敏度和长测量距离，点式光纤温

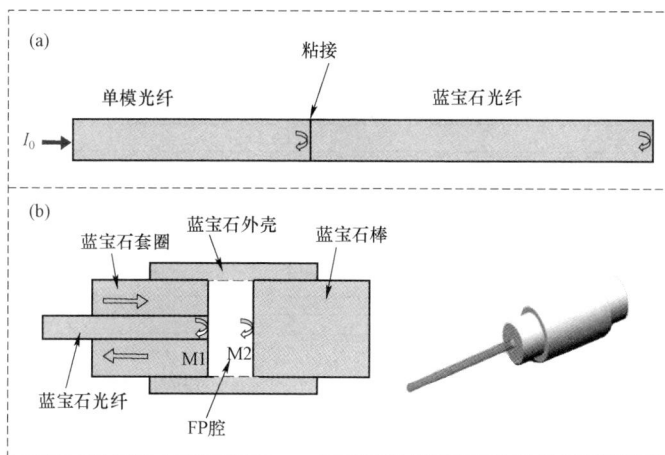

图 1-4　（a）常规蓝宝石光纤法布里-珀罗传感器；（b）全蓝宝石光纤温度传感器

度传感器在工业、医疗和航空领域广泛应用于以高温、高压和高辐射为特征的极端环境中的温度测量。

准分布式温度传感器通过在光纤结构上制造周期性光栅，以便在光栅布置距离上测量温度。当光信号进入光纤光栅结构并通过光栅之间折射率变化较大的位置时，发生反射和透射现象，反射光的波长受光栅周期和折射率变化量的影响。因此，通过测量反射光信号的光学特性，特别是波长，就可以推断出光纤光栅位置处的温度值，如图 1-5（a）所示。热再生布拉格光纤光栅传感器（RFBG）由于其高灵敏度和稳定性，特别是在高温环境下的优异性能，在光纤光栅温度传感器中得到了广泛的应用。香港理工大学[53]通过连续升温研制出第一个二次热再生布拉格光纤光栅传感器（R^{2}FBG），实现了高达 1 400 ℃ 的温度测量。该器件不仅在 250～900 ℃ 下表现出 13.7 pm/℃ 的温度灵敏度和优异的线性度，而且在 900～1 370 ℃ 的高温下表现出 15.3 pm/℃，甚至更出色的线性度（R^2 = 99.9%）。RFBG 除了具有优异的高温测量性能外，还适用于长时间的温度测量。Dutz[54] 在化学测试堆叠中采用 4 个六元件 RFBG 阵列，其封装结构如图 1-5（b）所示。该器件在 150～500 ℃ 下运行了两年，都没有出现故障或显著的波长漂移。

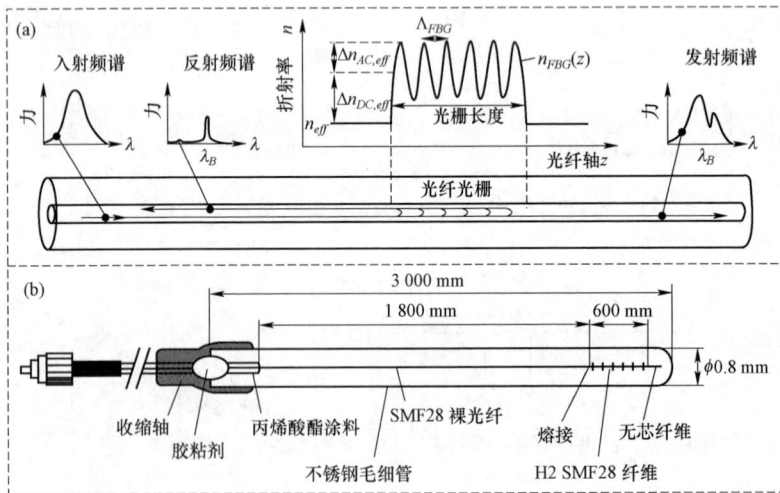

图 1-5 （a）光纤布拉格光栅原理示意图；（b）六元件再生布拉格光栅封装图

与准分布式温度传感器相比，分布式光纤温度传感器能够在光纤路径的整个长度上进行温度测量，而不仅在局部点。这些传感器通过温度敏感材料（如光纤）传输光信号，并使用拉曼散射或布里渊散射获得沿光纤线各个位置处的光子能量和相位变化，最终实现沿光纤测量温度分布[55]。在这些传感器中，分布式温度传感器-拉曼（DTS-R）系统通常基于如图 1-6 所示的光时域反射计（OTDR）原理，该原理涉及在光纤中发射短脉冲，并使用往返之间的光学时间差来提供沿整个光纤的温度变化和空间位置信息，如下图所示。

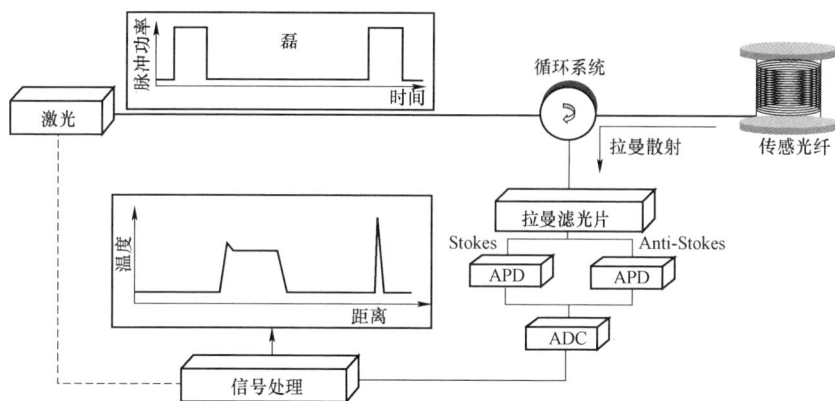

图 1-6　分布式光纤温度传感器示意图

Silva 等[55]对商用时域光反射仪（OTDR）和掺铒光纤放大器（EDFA）在长达 6 km 的光纤上的宽温度性能进行了全面评估。结果表明，该传感器灵敏度为 0.01 dB/℃@100 ns，系统分辨率为 5 ℃，可实现 −196～400 ℃ 的温度测量。传感器在 −196～187 ℃ 温度范围内精度为 5 ℃，而在更高温度下可达到 11.5 ℃。此外，Liu 的团队[56]探索了基于拉曼散射的高温温度分布器的性能。他们提出了一种基于蓝宝石光纤的拉曼散射温度分布系统，在实验条件下，使用波长为 532 nm 的超高功率皮秒脉冲激光，其温度分辨率高达 1 200 ℃，空间分辨率为 14 cm，温度分辨率为 3.7 ℃。在随后的实验中他们使用 2 m 长的光纤，使用亚纳秒脉冲激光将温度检测限提高到 1 400 ℃，空间分辨率提高到 12.4 cm[57]。分布式光纤温度传感器因其自身的特点，常用于长距离温度测量的场合，如油气管道或输电线路等。

1.2.1.4 声学温度传感器

声学温度传感器基于声学原理，利用声波在介质中传播的速度、传播特性和温度之间的关系来测量温度。随着介质中温度的变化，声波的速度和频率也随着介质的热性质而变化[58-59]。

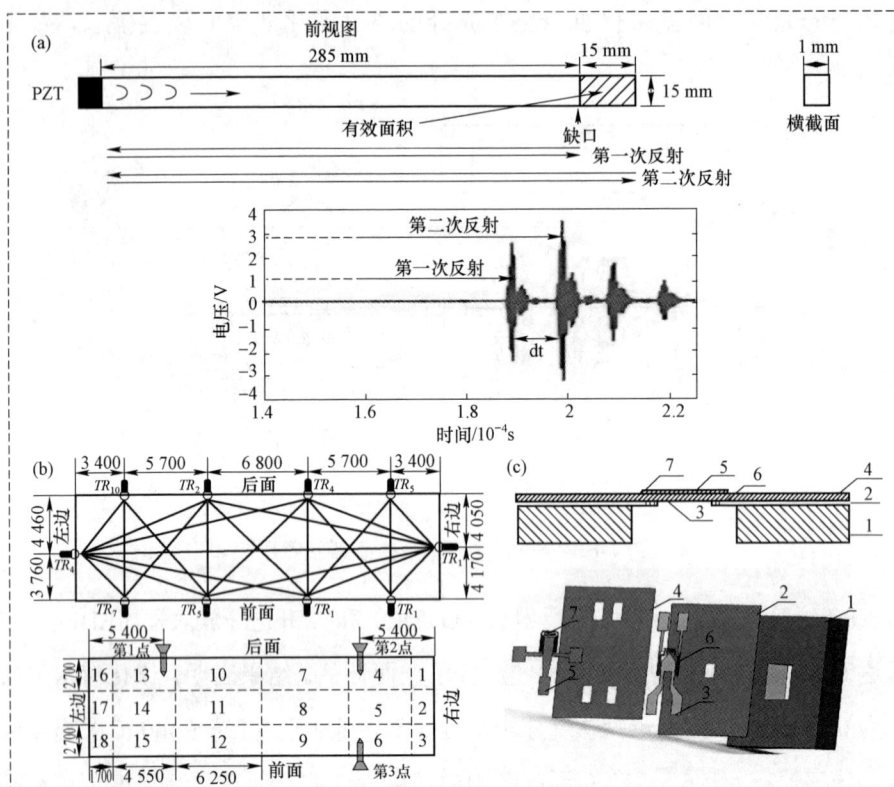

图 1-7 （a）波导温度测量结构；（b）基于 TOF 的温度场重建方法；
（c）FBAR 传感器芯片的结构

Wang[60]使用波导设备完成了超声波 TOF 测量以确定温度。测量过程需要一小块有效区域的热惯量被放置在温度场内，如图 1-7（a）所示。该装置可在 100 ℃以下的恒温水浴环境中实现 0.015 ℃的高精度温度测量（以 PT100 RTD 为参考）。因此，这种方法是一种成本效益高且可靠的接触测量方法的替代方案。除了基于接触的温度测量之外，该原理还允许在测量点进行非接触式温度恢复[61]，如图 1-7（b）所示。Wang[62]提出的一种温度场重建算法，可实现二维温度场重建，将最大相对误差降低到 2.881%，提高了抗噪声干扰能力。这种非接触式声学测量方法提供实时测量、高精度、测量范围宽、环境适应性强等优点，是恶劣环境下温度测量的理想解决方案。Zhang[63]提出了一种带有图案化支撑层 FBAR 温度传感器，如图 1-7（c）所示，其压差线性误差仅为 0.35%，显著低于现有传感器。然而，FBAR 温度传感器的灵敏度参数至关重要，因为当谐振器温度控制在 75 ℃，环境温度为 25 ℃时，在 110 s 内实现的缓慢温度稳定和 0.015 ℃的精度。为了提高温度敏感性，Zhao[64]提出了一种双模薄膜体声波谐振器（DM-FBAR）温度传感器，该传感器使用不同的磷掺杂二氧化硅插入层。具有 4 sccm PH3 掺杂的 SO_2 插入层的 FBAR 实现了高达 64.8 kHz/℃（GHz 的谐振频率幅度）的高温灵敏度。

1.2.2　耐高温压力传感器国内外研究现状

根据测试原理及结构设计，耐高温压力传感器可分为压阻式、压电式、电容式、光纤式等，这些传感器在耐高温性、测试精度、灵敏性、小尺寸、解调系统复杂性等方面互有优劣，下面对其中具有代表性的压阻式、电容式和光纤式压力传感器的国内外研究现状进行阐述介绍。

1.2.2.1　压阻式压力传感器

压阻式压力传感器基于导电材料的压阻效应构造，当力施加到传感器上时，其电阻会发生变化，传感器输出与力的变化成正比的电信号。压力传感器使用的主要材料决定了其工作温度。目前已经开发了基于硅[65-67]、SiC[68-69]、等材料的耐高温压阻式压力传感器。

SOI 压阻传感器是一种常见的高温压阻传感器。李等[66]发现了一种采用 SIMOX 技术的 m-Si SOI 压力传感器，该传感器可在高达 300 ℃的温度下工作，灵敏度为 30 mV/MPa，在 0~6 MPa 的压力范围内重复性小于 0.3‰FS。由于注入的氧与硅反应形成绝缘层，因此控制氧的掺杂浓度对于 SIMOX 技术至关重要。通过优化传感单元的掺杂浓度，Li 等[67]获得了一种 SOI 压力传感器，该传感器可在 350 ℃下稳定工作，非线性误差低于 0.1%，滞后小于 0.5%。为了提高测量精度，使用由四个电阻相同的 SOI 传感单元组成惠斯通电桥。然而，输出电压随工作温度的变化是不可避免的，如图 1-8（a）所示。熊等[68]比较了有温度补偿电路与无温度补偿电路的 SOI 压力传感器。他们发现，对于未补偿的传感器，温度误差很明显。通过采用无源电阻进行温度补偿，传感器在 −50~220 ℃的温度范围内表现出更高的测量精度。在某些情况下，压力传感器需要能够承受极端高温冲击。通过优化机械结构和材料成分，该压力传感器能够在 2 000 ℃下短期暴露 2 s[69]，如图 1-8（b）所示。

尽管硅是过去几年中用于高温传感器的最受欢迎的材料，但其固有的缺点，如低能带隙和结泄漏，限制了其应用。用于压阻式压力传感器的 SiC 越来越受到关注[70]。SiC 具有出色的抗冲击性、优异的机械性能和高温稳定性，这使得其在极端环境中具有巨大的潜力[68]。在 Zhao 等[71]的工作中，制造了 3C-SiC 压阻压力传感器。他们在 400 ℃以上的温度下进行了传感实验。在室温下，传感器的灵敏度为 177.6 mV/V·psi，而在 400 ℃下，灵敏度为 63.1 mV/V·psi。高能带隙和与隔膜优异的热膨胀兼容性使 4H-SiC 成为在极端条件下增强压力传感器可靠性和稳定性的可行选择。不幸的是，由于 SiC 晶片的化学惰性使得难以蚀刻体 SiC 以形成 4H-SiC。Nguyen 等[72]采用激光划线工艺，产生了在 198~473 K 的宽温度范围内具有优异性能的高灵敏度传感器。随着温度从室温升高到 198 K，灵敏度从 8.24 mV/V·bar 增加到 10.83 mV/V·bar；然而，在 473 K 时，它下降到 6.72 mV/V·bar。这项研究为从块状 SiC 晶片制备用于高温应用的 4H-SiC 压力传感器提供了一种潜在的方法。

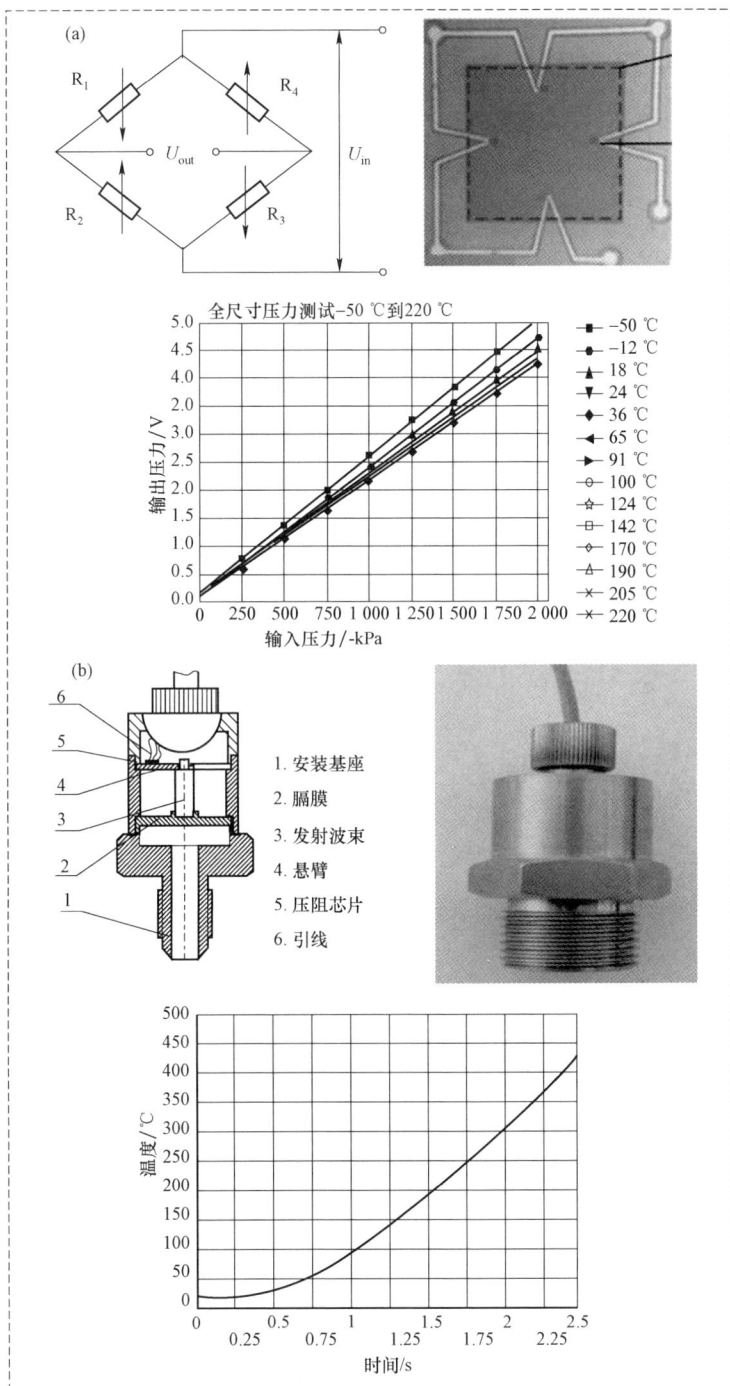

图 1-8　（a）SOI 高温敏感传感器芯片的等效电路和结构图及其测试结果；
（b）压力传感器结构及其高温测试结果

13

1.2.2.2　电容式压力传感器

电容式压力传感单元由夹有两个电极的电介质层组成。当向传感器施加力时，电容由于电极之间的间隙而改变。然后通过测量电路传输与电容相关联的电信号实现压力的测量。电容式压力传感器具有简单的结构、高分辨率和可靠的信号稳定性，有可能在复杂的环境中提供精确的动态压力监测[73-74]。

如上所述，SiC 在高温下具有强机械、惰性化学和稳定电学的特性，使其能够在恶劣的环境中可靠地工作。Young 等[75]制造的电容式压力传感器允许通过大气压化学气相沉积形成单晶 3C-SiC 隔膜，然后由悬浮在硅衬底上的 3C-SiC 隔膜构成以形成密封腔。当施加外部压力时，隔膜变形，从而减小隔膜与衬底之间的空间并增加器件的电容，如图 1-9（a）所示。3C-SiC 电容式压力传感器能够在高达 400 ℃的温度下显示出传感能力。然而，由于密封空气的膨胀以及 SiC 隔膜和 Si 衬底之间的差异，在 3C-SiC/Si 传感器上测试的电容-压力曲线在不同温度下是不同的。不仅如此，热膨胀差异会放大信噪比，增加器件击穿的概率。为了克服热失配问题，Mehregany 的团队[76]制造了一种全 SiC 电容式压力传感器，该传感器由 SiC 衬底与 SiC 隔膜组成，如图 1-9（b）所示。全 SiC 压力传感器表现出 574 ℃的耐温性和高达 700 psi 的传感能

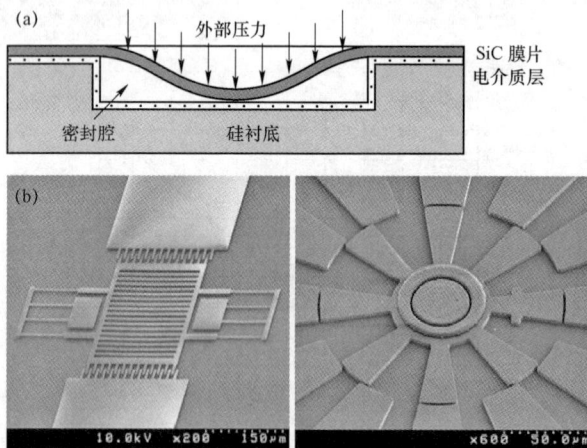

图 1-9　（a）SiC 压力传感器截面图；（b）用微型成型方法制备的 SiC 侧向
共振结构与 SiC 微电机扫描电镜显微图

力，灵敏度为 7.2 fF/psi，非线性度为 2.4%。对于 300 ℃ 以上的温度，他们制造了一系列电容变化较大的传感器元件。电容可以直接用 LCZ 仪表读取。该小组进一步比较了全 SiC 和 SiC-Si 电容式压力传感器在室温和 500 ℃ 下的性能，结果表明，全 SiC 传感器的灵敏度、非线性和分辨率略高于 SiC-Si 传感器[77]。虽然全 SiC 器件性能更好，但 SiC 的高成本阻碍了其在工业上的广泛应用。

为了提高压力传感器的工作温度，熊的团队[78]采用了 HTCC 材料，其结构如图 1-10（a）所示。基于 HTCC 技术的压力传感器达到了惊人的 800 ℃，甚至达到了极端的 1 100 ℃。实验显示，在 800 ℃ 下，传感器线性度为 0.93%，重复性为 6.6%，灵敏度为 374 kHz/bar。斯图雷森等[79]通过设计由 HTCC 和 Pt 浆料制成的 LC 压力传感器，该传感器截面示意图如图 1-10（b）所示。将超高温压力传感器向前推进了一步，达到了耐 1 000 ℃。谭等[80]设计了一种传感器，将压力传感单元和温度传感单元集成到 LC 谐振电路中，以降低因材料在高温下性能下降导致压力测量的不准确性。无线无源传感器在 1 100 ℃ 下同时测量温度和压力，在 70～120 kPa 压力范围内压力灵敏度达到了 92.98 kHz/kPa。结合温度补偿算法，在 20～1 100 ℃ 的不同温度区间下，测量压力和实际压力之间的误差降低到±2.06%。

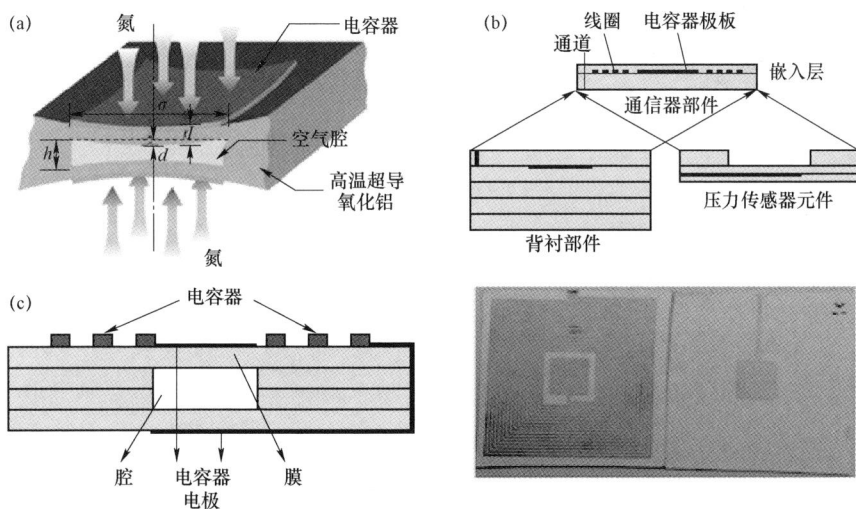

图 1-10　（a）具有均匀分布载荷的矩形空腔的机械模型的横截面视图；
（b）传感器截面示意图；（c）压力传感器的剖面图和传感器样品

氧化铝在高温下具有电学和机械稳定性。如图 1-11（a）所示，使用氧化铝衬底，Tan 等[81]制造了一种压力传感器，该传感器可以在室温至 600 ℃ 温度区间工作，甚至能够在 850 ℃下工作超过 20 min。与无线无源压力传感器不同，氧化铝陶瓷传感器能够检测从 1～5 bar 的压力变化，如图 1-11（b）所示，在 600 ℃下具有线性特性响应，重复性误差为 8.3%，滞后误差为 5.05%，零点漂移为 1%。柔性高温压力传感器一直是研究热点，织物是柔性器件的理想载体之一。然而，由于耐高温和柔性的冲突，设计和构建用于恶劣环境应用的织物传感器具有极大的挑战性。郭等[82]制作了基于陶瓷纳米纤维的柔性压力传感器，如图 1-11（c）所示，该传感器使用基于全纺织品的夹层结构制造，其中电介质 TiO_2 纳米纤维网夹在两块碳纤维布之间，并且具有高灵敏度、可靠性和耐温性。由于陶瓷纳米纤维和碳纤维的耐高温性，传感器可在 370 ℃以上温度下稳定工作，并且可经受高达 1 300 ℃高温火焰。在 370 ℃下测量灵敏度曲线在低压范围内几乎与 30 ℃下测量的曲线一致，但在高压范围内偏离，如图 1-11（d）所示[82]。此外，在火烤传感器后，传感性能恶化，灵敏度的变化可归因于高温下机械性能的变化。

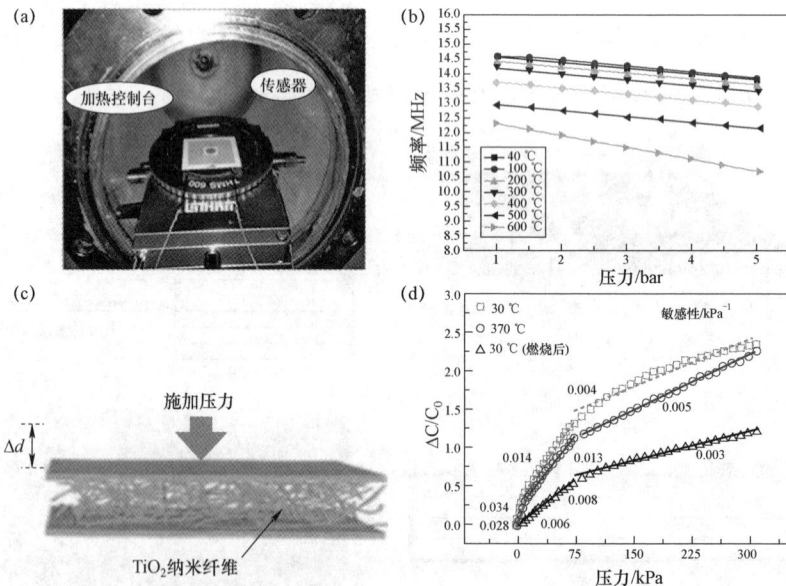

图 1-11　电容传感器的制备和测试：（a）高温压力测试系统照片；
（b）不同温度下传感器谐振频率与施加压力之间的对应关系；（c）基于纳米纤维
网络的柔性压力传感器示意图；（d）在丁烷火焰中燃烧后，在 30 ℃、370 ℃和
30 ℃"（燃烧后）"测试传感器的电容对压力的灵敏度

1.2.2.3　光纤式压力传感器

光纤式压力传感器具有体积小、灵敏度高、长期稳定、不受电磁干扰等优点，成为一种起步较晚但发展较快的传感方法。当光纤受到外部机械力时，其振幅、相位、偏振态和其他参数会发生变化。通常，有四种类型的光纤传感器，包括光纤耦合、光纤弯曲、光纤布拉格光栅（FBG）和法布里-珀罗干涉（FPI）传感器。这些传感器广泛用于高温环境下的动态监测，如油气运输、能源工业、电力工业、燃气轮机和喷气发动机[83-86]。FPI 传感器因其体积小、结构简单、灵敏度高而受到越来越多的关注。当外力施加在光纤上时，FPI 干涉光谱会发生偏移，导致其直径和长度发生变化。因此，可以观察到外力的变化。根据腔体的结构，FPI 传感器可分为本征法布里-珀罗干涉仪（IFPI）和非本征法布里-珀罗干涉仪（EFPI）两大类。由于热光效应，IFPI 传感器对温度比外力更敏感。因此，IFPI 传感器通常用于温度感测[87,88]。与 IFPI 传感器相比，带气腔的 EFPI 传感器对外力引起的变形更敏感，因此常用于应变或压力传感[89-92]。

在过去的几年里，人们付出了巨大的努力来提高用于高温应用的 FPI 压力传感器性能[83,85,93-95]。二氧化硅由于其低热膨胀系数和低温依赖性，是光纤传感器中常用的材料。由于二氧化硅易于加工，基于这种材料批量生产传感器阵列是可行的。结合 CO_2 激光聚变技术和高温键合技术，在 3 英寸二氧化硅晶片上制作了具有 140 个传感头的 EFPI 压力传感器[84]，这种精密微加工的精度达到了 0.05 mm。该传感器阵列可以检测从室温到 800 ℃低于 1 MPa 的压力，灵敏度为 3.25 m/MPa。利用电弧放电技术，Li 等[94]制作了一种温度系数极低的微泡型 FPI 压力传感器，由于中空二氧化硅管的末端和微泡形成的微泡腔具有良好的机械强度和热稳定性，在 20 ℃和 600 ℃的温度下，传感器在 1 MPa 的压力范围内分别表现出约 0.17 pm/C 的极低温度系数和约 6.382 nm/MPa 和 5.912 nm/MPa 的线性灵敏度。通过在二氧化硅衬底的顶部印刷熔融二氧化硅以用作保持器，将光纤插入光纤外壳结构内并靠近隔膜以形成 EFPI，如图 1-12（b）所示[96]。该传感器在 700 ℃温度下进行了测试，温度灵敏度为 0.215 nm/℃，低温-压力交叉灵敏度为 67.6 Pa/℃。

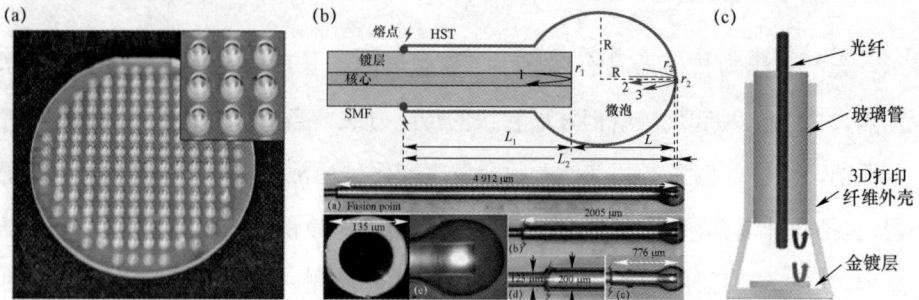

图 1-12　（a）硅芯片上的传感器阵列；（b）带微泡结构的传感器原理及其实物图；
（c）用于压力传感器制造的 3D 打印工艺

其他无粘合剂技术，如亲水性直接粘合技术，也应用于 SiC[97]和硅[98]材料。隔膜和基板之间缺少中间材料防止由于热膨胀失配和内应力引起的传感器故障。通过优化 EFPI 腔体的材料和结构，可以大大提高对外力的灵敏度和测量精度，从而减少温度变化的干扰。例如，Liang 等[97]制造了一种全 SiC EFPI 压力传感器，其中 200 μm 的 SiC 隔膜与带有蚀刻腔的 SiC 衬底紧密结合。该传感器可在 400 ℃以上可靠工作，在 0～800 kPa 范围内具有良好的线性响应。由于二氧化硅软化点的限制，基于二氧化硅的光学传感器难以应用于温度大于 1 200 ℃的环境中。由于单晶蓝宝石具有超高熔点（～2 040 ℃）、稳定的化学性质和机械强度，因此它作为优选材料被在超高温下应用的光学传感器使用。李等[86]使用蓝宝石隔膜和蓝宝石衬底制备了 EFPI 传感器，其压力响应范围为 20～700 kPa，在 800 ℃下具有长期工作能力。该传感器由两个蓝宝石层直接键合，没有中间层，这种无中间体设计使传感器具有低温依赖性。蓝宝石腔的长度变化为 1.25 nm，压力灵敏度为 0.000 25 nm/kPa·℃。王等[83]通过使用氧化锆作为封装材料以及直接键合技术，进一步将蓝宝石 EFPI 传感器的工作温度提高到 1 200 ℃。结合这两种技术，降低了高温下热稳定性和热膨胀失配引起的应力。如上所述，FPI 压力传感器以其独特的工作方式和结构，在高温甚至超高温环境下压力测量中具有巨大的应用潜力。进一步提高传感器的测量范围和灵敏度是 FPI 高温传感器的重要研究方向。

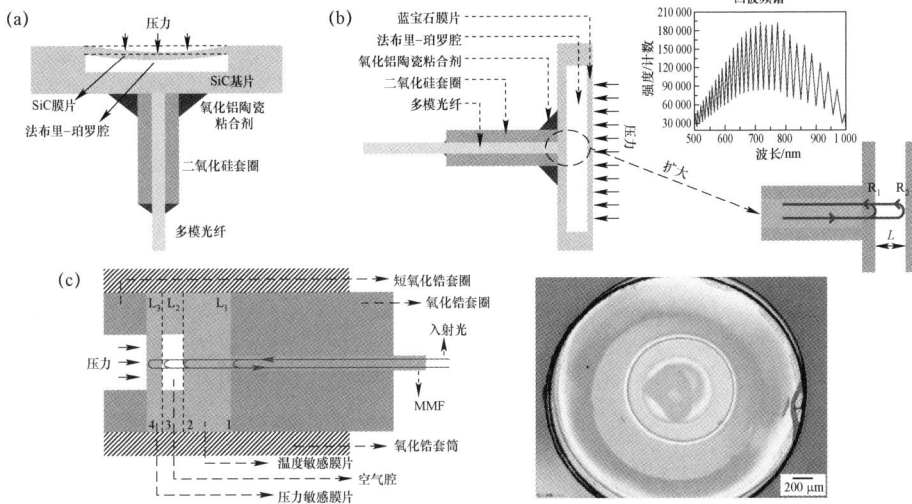

图 1-13　（a）SiC 高温压力传感器示意图；（b）传感器配置及工作原理；
（c）传感器封装与蓝宝石直接键合

避免压力-温度交叉敏感性是一个重大挑战。通过优化腔体的材料和结构，可以减少温度变化对压力检测的干扰。然而，完全避免温度漂移的影响是非常困难的。张等[98]研究了 EFPI 传感器在 40～1 090 ℃温度范围内的压力灵敏度。图 1-14（a）和图 1-14（b）显示灵敏度随着温度的升高而降低。为了解除压力和温度的耦合，他们集成了 IFPI 和 EFPI 以形成双腔 FPI 传感器，其中 IFPI 监测温度变化，EFPI 监测压力变化。所提出的传感器在 0～10 MPa 的压力范围内显示出 1 465.8 nm/MPa 的最大压力灵敏度。

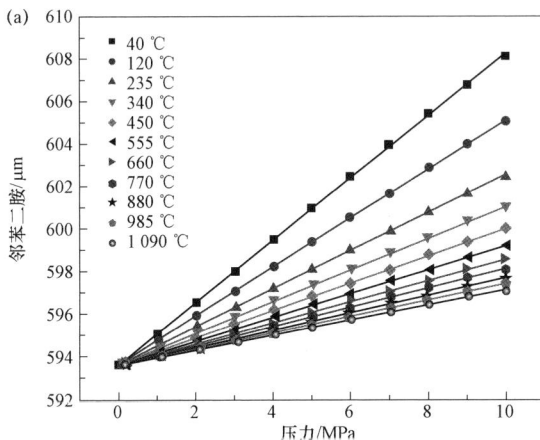

图 1-14　（a）邻苯二胺与所施加压力之间的对应关系

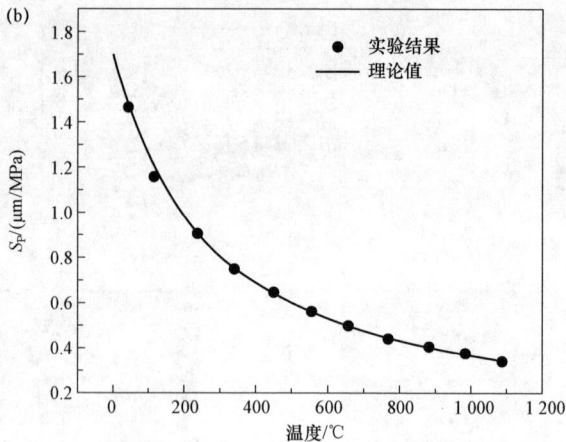

图 1-14 （a）邻苯二胺与所施加压力之间的对应关系；（b）不同温度下的压力灵敏度（续）

1.2.3 耐高温转速传感器国内外研究现状

目前，常见的转速传感器主要包括磁电式转速传感器、霍尔式转速传感器、光电式转速传感器等。

1.2.3.1 磁电式转速传感器

磁电式转速传感器基于磁电感应原理实现转速测量。磁电式转速传感器通过检测旋转物体上的磁性物质经过传感器时引起的磁通量变化，利用电磁感应原理在线圈中产生电动势，进而将转速信息转换为电信号输出，实现精确的转速测量[99-103]。

重庆大学的 Wu 等[104]提出了一种基于磁致伸缩/压电层压复合材料的磁电转速传感器，在 1 000 r/min 范围内误差约 3%；厦门大学的 Shi 等[105]设计了一种基于磁电材料的转速传感器，测试转速与电机转速高度一致，相关系数高达 0.999。国内外的一些公司也对磁电式转速传感器进行研制，日本 Ono Sokki 公司研制的 MP-981 型转速传感器最高工作温度为 70 ℃，最大可测转速为 10 000 r/min，但该传感器要求旋转物体具有强磁性，限定了适用范围，如图 1-15（a）所示；上海航振仪器仪表有限公司设计的 VB-Z9200 型转速传感器最高工作温度为 130 ℃，转速测量上限为 10 000 r/min，如图 1-15（b）所示。日本 COCORESEARCH 公司制造的 FSP12-50 高灵敏度磁电式转速传感器，能够在−20～70 ℃温度范围内工作，具有尺寸小，重量轻等特点，如图 1-15（c）所示。

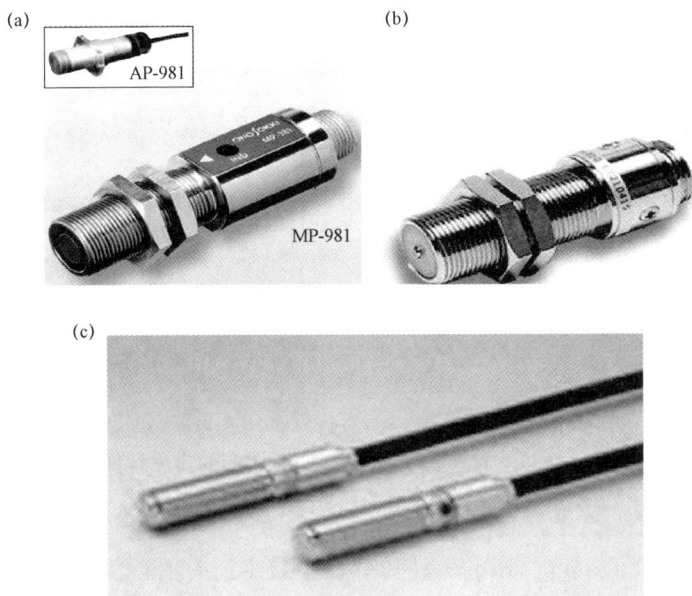

图 1-15　（a）MP-981/AP-981 转速传感器；（b）VB-Z9200 转速传感器；（c）FSP12-50 转速传感

在针对磁电转速传感器在低速运行时输出信号幅值较低及噪声干扰问题，沈阳仪器科学学院有限公司的 Li Yongqing 提出了一种创新的双复杂度同步线圈输出转速传感器。该传感器采用两个感应线圈，它们共享同一骨架和铁芯，并保持完全对称布局，如图 1-16（a）所示。通过利用环形变压器的放大作用，对转速信号执行两级放大，有效提升了低速状态下的信号幅值，并消除了因线圈不对称引起的信号不同步问题。该传感器采用耐高温材料制造，能在−60～180 ℃的环境下稳定工作，其最小可测转速频率降至 1 Hz，且输出信号峰值不低于 2 V。此外，西南交通大学的 Lu 等[106-107]开发了一种新型的磁电转速传感器，该传感器由永磁体和 FeCoSiB/Pb（Zr，Ti）O$_3$ 磁电复合材料构成的测试齿轮组成。采用钕铁硼永磁体在齿轮所在区域产生稳定的磁场；传感器探头的制作则采用了 ME FeCoSiB/Pb（Zr，Ti）O$_3$ 复合材料，通过环氧树脂粘接并利用液压机完成层压。通过添加 Fe 和 Ga 作为掺杂剂，并采用 3D 打印技术进行封装。研究者深入探讨了复合材料与永磁体间距对输出电压的影响，如图 1-16（b）所示，通过有限元分析与实验验证了材料与齿轮间距越小，输出电压幅值越高的关系。实验结果显示，该传感器展现了良好的线性度，在 10～600 r/min 的测量范围内，速度灵敏度达到 0.995 1。同时，在 10～150 r/min 的速度范围内，电压检测灵敏度约为 1.15 mV/r·min^{-1}。

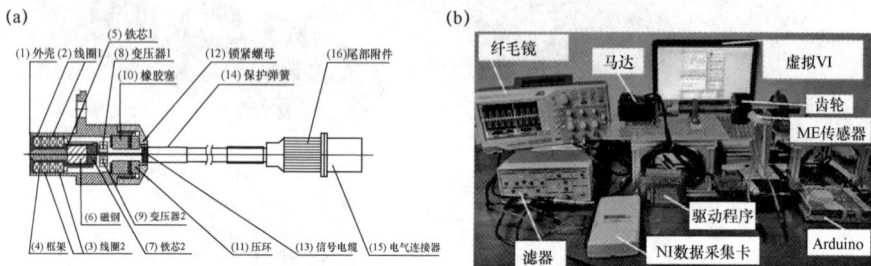

图 1-16　磁电式转速传感器（a）双复杂度同步线圈的磁电转速传感器的结构；
（b）由永磁体和磁电复合材料组成的磁电转速传感器测试系统

尽管 Li Yongqing 提出的转速传感器在技术上有所创新，但其工作温度上限仅为 180 ℃，这对于处于更高温度环境下的旋转机械设备而言，并不适宜，限制了其在高温工况下的应用。另一方面，Lu 教授团队开发的传感器所采用的环氧树脂粘接剂在高温条件下粘接性能下降，热稳定性降低，可能导致胶体在高温下分解，从而破坏传感器的结构完整性，导致其功能失效。此外，用于提供磁场的钕铁硼永磁体在长期高温环境下的工作温度通常不应超过 200 ℃，超出此温度范围可能会削弱其磁性能，极端高温甚至可能影响其化学稳定性。另外，该传感器对被测物体材质的磁化要求也限制了其在非磁性材料应用场景的使用。

1.2.3.2　霍尔式转速传感器

霍尔式转速传感器利用霍尔效应，通过检测旋转物体上的磁性标记调制磁场，在霍尔元件中产生霍尔电压，将转速信息转换为电信号输出，实现无接触、高精度和高可靠性的转速测量。霍尔式转速传感器因具有体积小、成本低等优势，受到了广泛的关注[108-112]。

Varghese 等[113]阐释了一种基于霍尔效应的转速传感器，通过计算每转的脉冲数来测量转速，如图 1-17（a）所示。Kuang 等[114]设计了一种基于霍尔效应的转速测量系统，通过微控制单元对接收脉冲信号计数以获得转速；德国 Braun 公司 A5S0 系列霍尔式转速传感器最高工作温度为 125 ℃，测量频率范围为 0 Hz～25 kHz，如图 1-17（b）所示。美国 Aitek 公司的霍尔型速度传感器适用于工业、铁路等领域，最高工作温度为 125 ℃；上海转速仪表厂设计的 SZHG-01 霍尔式转速传感器，其最高工作温度与最大转速分别为 40 ℃和 10 000 r/min；上海东太传感科技有限公司研制的 HN60 霍尔齿轮转速传感器，最高工作温度为 80 ℃。

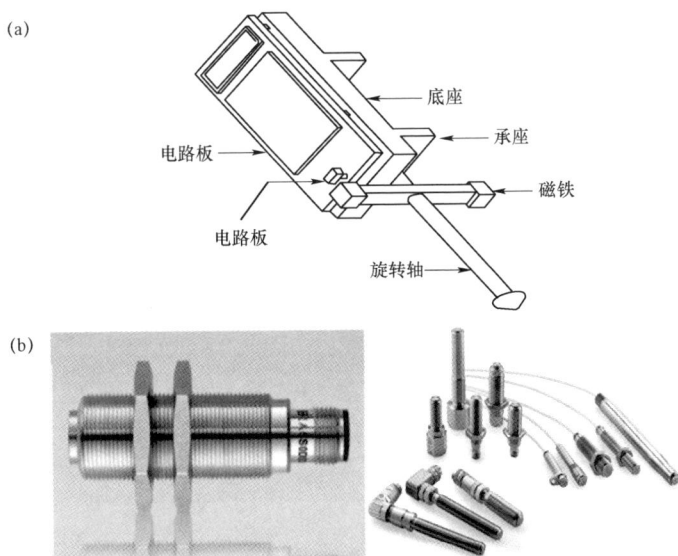

图 1-17　（a）Varghese 等设计的霍尔效应非接触式转速传感器；
（b）A5S0 系列霍尔式转速传感器

1.2.3.3　光电式转速传感器

光电式转速传感器通过以下步骤工作：发光元件发射光线，旋转物体上的标记周期性遮挡光线，光敏元件将光信号变化转换为电信号，信号处理后输出脉冲信号，测量脉冲频率得到转速数据[115]。光电式转速传感器是一种角位移传感器，具有非接触、高精度和响应快等优点[116-120]。

日本 Ono Sokki 公司生产的 LG-9200 光电式转速传感器,它能够在 −10～60 ℃温度范围内正常工作,但反光贴片的应用使其抗干扰能力变差,如图 1-18 (a) 所示;美国 Monarch 公司生产的 ROS-P 型转速传感器,可测转速上限为 5 000 r/min,最高工作温度为 121 ℃。哈尔滨工业大学 Zheng 等研究者[121]开发了一种光纤式转速检测装置,旨在对滚动轴承保持架的旋转速度进行精确测量,如图 1-18 (b) 所示。该装置的发射器部分被固定于轴承一侧,而接收器则位于相对的另一侧。发射的光束精准对准轴承保持架与外圈之间的间隙。随着滚动元件的运动,它们会间歇性地截断光束,导致在接收器上形成明暗交替的光斑和阴影图案,这些图案变化被传感器有效地转化为光信号脉冲。通过分析这些脉冲的频率特性,可以计算出滚动元件的通过频率,并据此推算出保持架的转速。该技术利用了散射光束,其中光点和阴影的尺寸远大于接收器的尺寸,从而简化了检测过程。为了验证该传感器的性能,研究者对其进行了 500～1 600 r/min 的转速范围测试,并评估了其响应速度,测试结果如图 1-18 (c) 所示,结果

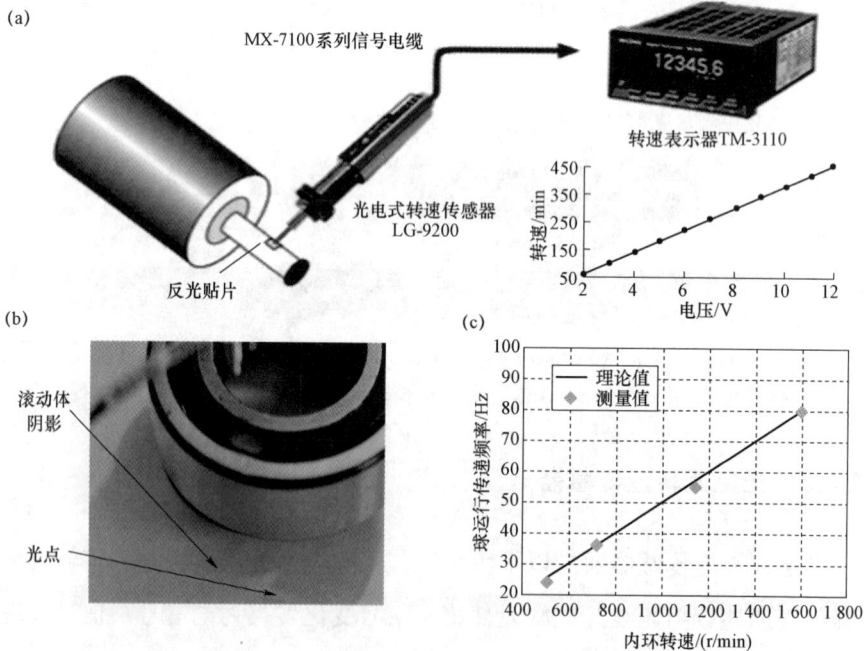

图 1-18　(a) 日本 Ono Sokki 公司 LG-9200 光电式转速传感器;
(b) 轴承保持架光纤转速传感器;(c) 传感器的测试结果

显示在微秒级别，证实了其在高速动态测量中的高效性能。研究者还提到，采用耐高温的玻璃光纤材料制造该传感器，能够在高达 300 ℃的极端温度条件下保持稳定运行，从而显著提升了其在严峻环境中的应用前景。

1.3 主要研究内容

在国家自然科学基金的支持下，本研究面向先进航空发动机关键部件，如尾喷管、主轴轴承等对应的高温/高旋的极端工况环境下温度、压力、转速等参数高精度测试需求，研究了耐高温的温/压/速敏感器件、传感测试系统设计制备及测试方法。针对高温环境高精度压力测试需求，创造性地提出了基于生瓷片层压成型、碳膜填充、真空钎焊及高温烧结等工艺的温度自补偿差动电容式压力敏感芯片，突破耐高温电连接、气密封以及原位温度补偿整体封装方法，设计搭建转换电路、信号采集电路及具备温度补偿能力的上位机软件算法，搭建出一套耐高温高精度压力测试系统。针对高温高旋转部件温度、转速状态参数的原位测试需求，创造性地将温度转换模块与旋转部件集成实现高转速下信号无线传输，并优选耐高温的钐钴磁芯-芳族聚酰亚胺漆包铜线制备完成耐高温转速探头，编写温-速复合参数运算显示上位机软件，搭建出一套旋转轴承温度/转速参数实时在线测试系统。经过自主搭建的高温、高压、高转速等复合测试平台和第三方检测单位的综合测试，耐高温高精度压力测试系统可实现 0～400 ℃、0～500 kPa 范围内压力参数测量，测试精度可达±0.95%FS；旋转轴承温度/转速参数实时在线测试系统可实现 23～178.4 ℃、0～50 000 r/min 范围内轴承温度及转速参数测量，转速测试精度为0.02%FS。两套测试系统在高温/高旋工况环境下的航空发动机尾喷管、轴承等关键部件状态参数监测方面具有工程应用潜力。全书总共分为六章，每章的主要研究内容如下：

第 1 章：绪论。主要介绍了本研究的背景及意义，并从高温传感器件、耐高温压力传感器件、耐高温转速传感器件等方面介绍了目前面向高温/高旋工况环境下温度、压力、转速参数测试方法的国内外研究动态。

第 2 章：耐高温电容式压力传感器件的设计与制备。通过分析薄板应变式的单电容及差动电容式传感器理论，研究了基于氧化铝陶瓷基底的耐高温差动电容式压力敏感芯片的制备工艺方法，设计了信号转换电路以及针对电路板热保护的封装结构，完成了耐高温压力传感器的耐高温电连接、耐高温气密性、集成温度补偿功能的整体封装。

第 3 章：轴承原位温度/转速传感器件的设计与制备。通过分析高旋转轴承实际工作状态及轴承整体结构温度、转速信号测试模型，研究了并设计了离线式、在线式、无线供电式温度转换模块，以及耐高温转速探头设计制备方法，实现了密闭空间高速旋转温度信号长时间持续性获取、无线传输和保持架转速信号的非接触稳定测量。

第 4 章：多参数测试系统及平台的设计与搭建。以第 2、3 章耐高温压力敏感器件、轴承温度/转速敏感器件及其转换电路的研究成果为基础，通过硬件采集电路与上位机软件设计，形成了耐高温高精度测试系统实现了状态参数实时在线存储与显示，并自主搭建多个复合参数测试平台为后期测试奠定基础。

第 5 章：温/压/速传感器及系统测试与结果分析。针对本研究设计制备的敏感器件及测试系统，应用自主搭建的高温-压力复合测试平台、高温-转速复合测试平台以及第三方检测单位试验器，先后进行了单电容式压力传感器温度漂移、常温压力、动态压力、高温压力复合测试；差动电容式温-压复合测试系统温度漂移、动态压力、高温压力复合测试；温-速复合参数测试系统的离线式、在线式、无线供电式模块高转速下轴承内圈温度测试、耐高温转速探头高温状态下保持架转速测试。

第 6 章：总结与展望。本章主要对本书的整体研究工作进行了总结，并对温/压/速传感测试系统的后续研究及工程应用进行了展望。

1.4　研究创新点

本研究针对航空发动机关键部件如尾喷管、主轴轴承等对应的高温/高旋极端工况环境下温度、压力、转速等多参数在线精准测试需求，创新性地提出了耐高温敏感器件及测试系统的设计制备及验证方法，主要分析并设计了耐高温传感器件的敏感机理、制备工艺、转换电路、整体封装，集成信号采集、上位机软件补偿算法，完成耐高温、高精度压力测试系统与旋转轴承温度/转速参数实时在线测试系统的搭建，并最终完成测试。本研究创新性主要体现在以下几个方面。

（1）提出了差动电容式温度补偿结构压力敏感模型，揭示了高温环境下敏感芯片力-电转换机制，形成了一套基于氧化铝陶瓷为基底，银为功能层材料的层压烧结、丝网印刷、高温钎焊的、具备温度自补偿能力的差动电容式压力敏感芯片制备方法。

（2）提出了耐高温压力敏感器件的温度敏感集成方法，实现了耐高温电连接、耐高温气密封与转换电路热保护的整体封装结构，设计并优化了温度软件补偿算法，搭建了耐高温高精度压力测试系统，完成了高温极端工况环境下压力参数的原位高精度测试。

（3）提出了高温/高旋轴承温度、转速参数原位实时测试方法，设计并优化了离线式、在线式、无线供电式温度转换模块，实现了耐高温非接触式转速探头的制备及整体封装，搭建了具备旋转轴承温度/转速参数实时获取、在线显示的测试系统，并完成综合性能测试。

第 2 章　耐高温高精度压力传感器件的设计与制备

2.1　概　述

　　针对航空发动机关键部件在高温环境下压力参数原位高精度测试需求，本章分析了薄板应变式的单电容、差动电容式传感器理论模型，研究了耐高温压力敏感芯片的制备工艺方法、信号转换电路，以及传感器整体结构装配技术。通过多层生瓷片层压后烧结工艺，突破了耐高温压力敏感空腔的制备难题；通过丝网印刷后高温钎焊工艺，解决了差动电容式敏感芯片的制备难题；通过玻璃浆料填充后烧结工艺，解决了传感器内部的耐高温气密封难题；通过陶瓷转接模块与芯片间无引线的浆料烧结方法，解决了芯片与后端结构的耐高温电连接难题。最终，设计了耐高温压力传感器集成温度补偿模块的整体封装结构，并实现了传感器信号转换电路的高温保护。

2.2　薄板应变式电容压力传感器理论模型

　　本研究设计的电容式压敏芯片依据弹性薄板应变原理，实现压力参数的电学信号表征，同时综合考虑气压测试范围和传感器线性需求，选用小挠度薄板理论建立电容式压力传感器的理论模型。小挠度薄板理论应用条件是薄板的最大挠度必须小于 1/5 的薄板厚度，即 $\delta < 1/5\ d_w$，此处 d_w 为薄板厚度。本研究中实际制作的周边固支型敏感膜片在满量程压力作用下，中心点最大挠度远小于膜片自身厚度，因此可以采用小挠度理论建立曲线方程，近似描述敏感膜片的变形情况。

2.2.1　单电容式压力传感器理论模型

电容式压力传感器是利用外部气压与致密空腔内的压差，引起敏感薄板变形从而改变电容上下极板间距，建立起压力值与电容值间的转换关系。

如图 2-1 所示单电容式压力传感器的形变示意图，当外部压力大于腔体内部空气压力时，弹性薄板形变并向内弯曲。薄板上下表面的厚度为 d_w，中心的形状变量记为 δ_0 最大。方板的边长记为 $2a$，空腔的高度记为 d_c。

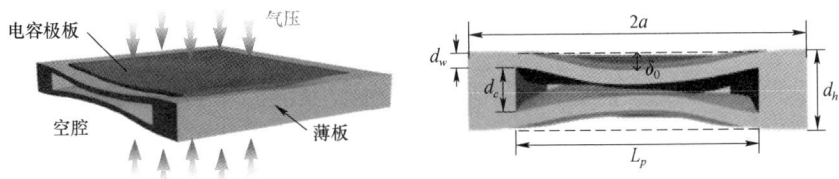

图 2-1　单电容压力敏感芯片理论模型

传感器初始电容 C_0 为：

$$C_0 = \frac{\varepsilon_0(2a)^2}{d_c + \dfrac{2d_w}{\varepsilon_r}} = \frac{\varepsilon_0\varepsilon_r(2a)^2}{\varepsilon_r d_c + 2d_w} \tag{2.1}$$

式中：ε_0 为真空介电常数，ε_r 为陶瓷衬底的相对介电常数。根据经典薄板小挠度理论，当外界压力 P 发生变化时，薄板的屈服强度 D 由下式确定：

$$D = \frac{Ed_w^3}{12(1-v^2)} \tag{2.2}$$

式中：E 为薄板的杨氏模量，v 为薄板的泊松比。此时，周围锚固的弹性薄板中心处弯曲程度最大，中心点处最大挠度 δ_0 为：

$$\delta_0 = 0.001\,26\frac{P(2a)^4}{D} = 0.241\,92\frac{Pa^4(1-v^2)}{Ed_w^3} \tag{2.3}$$

因此，可以得到膜片上任意点的挠度，即：

$$\begin{aligned}
\delta_{(x,y)} &= \delta_0 \cos\frac{\pi x}{2a}\cos\frac{\pi y}{2a}\\
&= 0.241\,92\frac{Pa^4(1-v^2)}{Ed_w^3}\cos\frac{\pi x}{2a}\cos\frac{\pi y}{2a}
\end{aligned} \tag{2.4}$$

由于电容极板为方形，本研究以电容极板中心点（0，0）为坐标，并将图形等分 8 份，则负载压力 P 下的输出电容值为：

$$C_P = \int_0^a\int_0^x \frac{8\varepsilon_0 \mathrm{d}x\mathrm{d}y}{d_c + \dfrac{2d_w}{\varepsilon_r} + 2d(x,y)} \tag{2.5}$$

2.2.2　差动电容式压力传感器理论模型

单电容式压力传感器可实现压力信号的测量，但是在高温环境下，温度的变化也会造成电容介电常数等改变，从而引起压力传感器测试误差，严重影响传感器高温环境下工作性能。基于此，在本小节中设计了两种差动电容式压力传感器的结构方案，在硬件端有效补偿温度变化带来的测量误差，实现高温环境下压力参数的高精度测试。

2.2.2.1　方案一：三极板变极距高灵敏压力传感器

在本小节中设计了一种三极板-双空腔的变极距差动电容式压力传感器，其分层结构如图 2-2 所示，中间板与上极板、下极板间的距离相等，中间填充物均为一层生瓷片及一层空腔。

可以看出，敏感膜位于内部，由于通气孔的存在，受气压变化时敏感膜

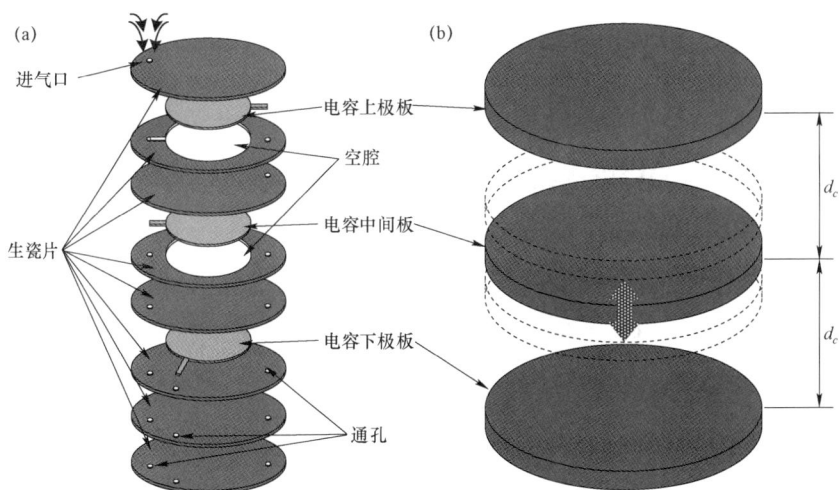

图 2-2 三极板变极距差动电容式压力传感器分层示意图

上下移动，带动电容极板上下移动，设上、中、下极板分别为 a、b、c 极板，a 极板与 b 极板组成的 $C_{a\text{-}b}$，以及由 c 极板与 b 极板组成的 $C_{c\text{-}b}$ 的电容值同时变化。将差动电容式压力传感器简化等效为图 2-2，三层极板的面积均为 A，中间板与上、下极板的初始间距均为 d_c 且相对介电常数均为 ε_c。

以单个电容为例，电容器的初始电容值为：

$$C_0 = \frac{\varepsilon_c A}{d_c} \tag{2.6}$$

如果极板间距减小 Δd，单个电容即增加 ΔC，可表示为：

$$C_0 + \Delta C = \frac{\varepsilon_c A}{d_c - \Delta d} = C_0 \frac{1}{1 - \dfrac{\Delta d}{d_c}} \tag{2.7}$$

因此：

$$\frac{\Delta C}{C_0} = \frac{\Delta d}{d_c} \left(1 - \frac{\Delta d}{d_c} \right)^{-1} \tag{2.8}$$

幂级数展开为：

$$\frac{\Delta C}{C_0} = \frac{\Delta d}{d_c} \left[1 + \frac{\Delta d}{d_c} + \left(\frac{\Delta d}{d_c} \right)^2 + \left(\frac{\Delta d}{d_c} \right)^3 + ... \right] \tag{2.9}$$

当极间距变化极小即 $\Delta d/d_c \ll 1$ 时，略去非线性的高次项，即：

$$\frac{\Delta C}{C_0} \approx \frac{\Delta d}{d_c} \qquad (2.10)$$

而对本方案设计的三极板差动电容式压力传感器来说，当中间极板向上位移 Δd 时，$C_{\text{a-b}}$ 增加 ΔC，$C_{\text{c-b}}$ 减少 ΔC，即：

$$C_{\text{a-b}} = C_0 \left[1 + \frac{\Delta d}{d_c} + \left(\frac{\Delta d}{d_c}\right)^2 + \left(\frac{\Delta d}{d_c}\right)^3 + \ldots \right] \qquad (2.11)$$

$$C_{\text{c-b}} = C_0 \left[1 - \frac{\Delta d}{d_c} + \left(\frac{\Delta d}{d_c}\right)^2 - \left(\frac{\Delta d}{d_c}\right)^3 + \ldots \right] \qquad (2.12)$$

$$\Delta C = C_{\text{a-b}} - C_{\text{c-b}} = C_0 \left[2\frac{\Delta d}{d_c} + 2\left(\frac{\Delta d}{d_c}\right)^3 + \ldots \right] \qquad (2.13)$$

滤去高次项，即：

$$\frac{\Delta C}{C_0} \approx \frac{2\Delta d}{d_c} \qquad (2.14)$$

因此，三极板差动电容式压力传感器的灵敏度是单电容式的两倍。

此外，在高温压力复合环境下，压力与温度参数都会对电容值产生影响，即：

$$\Delta C_{\text{a-b}} = \Delta C_{P(\text{a-b})} + \Delta C_{T(\text{a-b})} \qquad (2.15)$$

$$\Delta C_{\text{c-b}} = \Delta C_{P(\text{c-b})} + \Delta C_{T(\text{c-b})} \qquad (2.16)$$

由于温度主要通过改变基底材料与空腔内空气的相对介电常数从而使电容值发生变化，而 $C_{\text{a-b}}$ 与 $C_{\text{c-b}}$ 的极板面积、极间距、基底材料等完全相同，因此：

$$\Delta C_{T(\text{a-b})} = \Delta C_{T(\text{c-b})} \qquad (2.17)$$

$$\Delta C = C_{\text{a-b}} - C_{\text{c-b}} = \Delta C_{P(\text{a-b})} - \Delta C_{P(\text{c-b})} \qquad (2.18)$$

因此三极板差动电容式压力传感器可有效消除高温环境下温度对压力传感器造成的测试误差，大大提高传感器在高温压力复合环境下的测试精度。

2.2.2.2　方案二：双极板差动电容式压力传感器

在本小节中设计了双极板-单空腔的差动电容式压力传感器，传感器结构如图 2-3 所示，下基板表面丝网印刷 α 和 β 电容极板，且 α 和 β 极板的面积相同，上基板表面丝网印刷 γ 板。α 极板是一个半径为 R_1 的圆形，β 极板是一个内环半径为 R_2，外环半径为 R_3 的圆环，γ 极板是一个半径为 R_3 的圆。同时，空腔也是一个半径为 R_3 的圆，α、β 和 γ 板均在空腔边缘范围内。

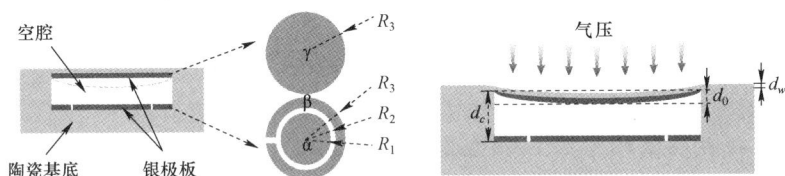

图 2-3　双基板-单空腔的差动电容式压力传感器示意图

因此，$C_{\alpha-\gamma}$ 和 $C_{\beta-\gamma}$ 电容器的相对介电常数 ε、极板间距 d 和极板面积 A 相等，初始电容 C_0 相等。当温度变化时，两个电容器的极距 d 和极板面积 A 保持不变，相对介电常数 r 的变化相同。因此，温度变化引起的两个电容器的变化是相等的。但由于 β 板位于 α 板的外环，在这种外围固定结构中，当压力变化时，$C_{\alpha-\gamma}$ 的极间距 d 比 $C_{\beta-\gamma}$ 的极间距 d 受压力的影响更大，在相同压力下，$C_{\alpha-\gamma}$ 和 $C_{\beta-\gamma}$ 的输出电容值会不同。因此，$C_{\alpha-\gamma}$ 和 $C_{\beta-\gamma}$ 之间的电容差可以测量压力参数，并补偿温度变化引起的大部分测试误差。

传感器的工作原理为，当外部压力作用在敏感膜片表面时，由于空腔的气密设计，腔体内部压力小于外部压力，薄板带动 γ 极板向内变形，如图 2-3 所示。膜的厚度为 d_w，空腔的高度为 d_c，中心的最大形状变量为 d_0。

当传感器不受外界压力时，$C_{\alpha-\gamma}$ 的初始电容为：

$$C_{\alpha-\gamma} = \frac{\pi \varepsilon_0 \varepsilon_r R_1^{\,2}}{d_c} \tag{2.19}$$

$C_{\beta-\gamma}$ 的初始电容为：

$$C_{\beta-\gamma} = \frac{\pi\varepsilon_0\varepsilon_r(R_3{}^2 - R_2{}^2)}{d_c} \tag{2.20}$$

式中：ε_0 为真空的介电常数，ε_r 为空腔内空气的相对介电常数。

由于 α 和 β 极板的面积相等，即 $R_3{}^2 - R_2{}^2 = R_1{}^2$。由于温度主要通过改变介电常数来影响传感器的电容值变化。而 $C_{\alpha-\gamma}$ 与 $C_{\beta-\gamma}$ 除了极板正对面积 A，极间距 d 相同之外，极板间的介质类型与尺寸也完全相同，因此温度变化时，两电容的相对介电常数变化也相等，即：

$$C(T)_{\alpha-\gamma} = \frac{\pi\varepsilon_0\varepsilon_r(T)R_1{}^2}{d_c} = \frac{\pi\varepsilon_0\varepsilon_r(T)(R_3 - R_2)^2}{d_c} = C(T)_{\beta-\gamma} \tag{2.21}$$

$$\Delta C = [C(P)_{\alpha-\gamma} + C(T)_{\alpha-\gamma}] - [C(P)_{\beta-\gamma} + C(T)_{\beta-\gamma}] = C(P)_{\alpha-\gamma} - C(P)_{\beta-\gamma} \tag{2.22}$$

因此，差动结构实现了温度测量误差的硬件补偿。

下面具体分析差动电容式传感器的压力敏感机理。根据经典薄板理论，薄膜层的屈服强度 D 由式（2.23）确定：

$$D = \frac{Ed_w^3}{12(1-v^2)} \tag{2.23}$$

式中：E 为敏感膜材料的杨氏模量，v 为敏感膜材料的泊松比。当外界压力 P 发生变化时，敏感膜在压力作用下弯曲，膜的中心弯曲到最大。圆形膜片周边固支的中心点最大挠度如式（2.24）所示：

$$\delta = \frac{PR_3{}^4}{64D} = \frac{PR_3{}^4(1-v^2)}{64Ed_w^3} \tag{2.24}$$

膜片任意点的挠度如式（2.25）所示：

$$\delta(r) = \frac{P(R_3{}^2 - r^2)^2}{64D} = \delta_0\left[1 - \left(\frac{r}{R_3}\right)^2\right]^2 \tag{2.25}$$

利用微分计算原理，将电容视为无数个微小电容的并联结构，因此以 r 为内环半径，$r+dr$ 为外环半径的圆环面积为：

$$dS = \pi(r + dr)^2 - \pi r^2 = 2\pi rdr + \pi(dr)^2 \approx 2\pi rdr \tag{2.26}$$

此部分圆环形成的电容为：

$$dC_{(P)} = \frac{\varepsilon_r \varepsilon_0 dS}{d_c - \delta(r)} = \frac{2\pi \varepsilon_r \varepsilon_0 r dr}{d_c - \delta(r)} \qquad (2.27)$$

因此，压力传感器 $C_{\alpha-\gamma}$ 电容值的计算公式为：

$$C_{\alpha-\lambda} = \int dC_{(p)} = \int_0^{R_1} \frac{2\pi \varepsilon_r \varepsilon_0 r}{d_c - \delta(r)} dr \qquad (2.28)$$

$C_{\beta-\gamma}$ 电容值的计算公式为：

$$C_{\beta-\lambda} = \int dC_{(p)} = \int_{R_2}^{R_3} \frac{2\pi \varepsilon_r \varepsilon_0 r}{d_c - \delta(r)} dr \qquad (2.29)$$

由于 β 板比 α 板更靠近外端，因此压力变化引起的 α 板在各点的挠度变化远大于 β 板在各点的挠度变化。因此，在相同压力下，$C_{\alpha-\gamma}$ 和 $C_{\beta-\gamma}$ 的电容变化是不同的，其差值 ΔC 与加载压力值的关系如式（2.30）所示。

$$\begin{aligned} \Delta C = C_{\alpha-\gamma} - C_{\beta-\gamma} &= \int_0^{R_1} \frac{2\pi \varepsilon_r \varepsilon_0 r}{d_c - \delta(r)} dr - \int_{R_2}^{R_3} \frac{2\pi \varepsilon_r \varepsilon_0 r}{d_c - \delta(r)} dr \\ &= \int_0^{R_1} \frac{2\pi \varepsilon_r \varepsilon_0 r}{d_c - \dfrac{R_3^4 (1-v^2)}{64 E d_w^3} \cdot P} dr - \int_{R_2}^{R_3} \frac{2\pi \varepsilon_r \varepsilon_0 r}{d_c - \dfrac{R_3^4 (1-v^2)}{64 E d_w^3} \cdot P} dr \end{aligned} \qquad (2.30)$$

2.3　耐高温压力敏感芯片制备工艺

2.3.1　Al_2O_3 陶瓷压力敏感基底制备

2.3.1.1　生瓷片层压–烧结工艺

变极距电容式压力敏感芯片的工作原理是外部环境与空腔内气压产生差异时，膜片带动极板上下移动时电容值发生变化，从而完成气压与电容值之间的"物-电"表征，这一套工作流程中，致密空腔的存在至关重要。

传统的切割、打孔、雕刻等方式只能对陶瓷外边缘结构进行加工，无法实现致密空腔的制备。基于此，本研究选用 Al_2O_3 生瓷带作为基础原材料，通过层压后烧结工艺，将多层不同结构的生瓷片组成整体并最终形成具有压力敏感测试功能的陶瓷基底器件。

生瓷带是陶瓷粉、粘结剂、玻璃相等按照一定的比例混合球磨、脱消泡、涂流，以及干燥后形成的一种成分均匀、性能稳定的已成陶瓷素胚膜。生瓷带在 60～100 ℃环境下内部的粘结剂具备活性，并在一定的机械压力辅助作用下，多层生瓷带间的黏附性较强。利用这一特性，可以预先将中间的生瓷带打孔，再在其上下放置完整的生瓷带并整体黏附，以此形成致密空腔结构。本研究选用 FERRO44007 生瓷片，生瓷带厚度为 100 μm，生瓷带层压-烧结工艺如图 2-4 所示。

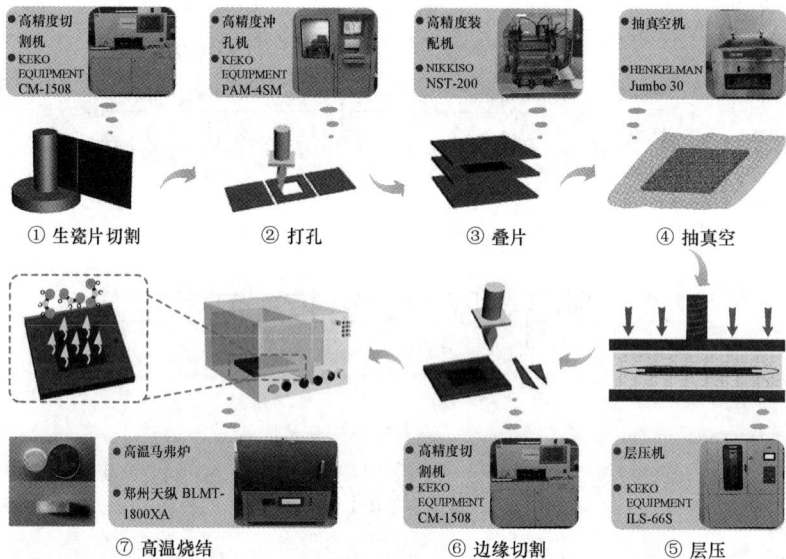

图 2-4　压力敏感陶瓷基底制备工艺流程图

具体的制备步骤如下：

（1）按照预先外形尺寸设计使用高精度切割机（KEKO EQUIPMENT，CM-1508）将生瓷带切割为三层生瓷片。

（2）采用高精度冲孔机（KEKO EQUIPMENT，PAM-4SM）在三个生瓷片的四个边角加工定位孔，并在中间层生瓷片上加工空腔孔。

（3）取出三层生瓷片并通过定位孔安装在高精度装配机（NIKKISO，NST-200）内完成叠片。

（4）将叠片完成的生瓷片夹在两块钢板中间并将其装入密封袋内，利用抽真空机（HENKELMAN，Jumbo 30）排出密封袋内的空气。

（5）将密封袋放置在等静压层压机（KEKO EQUIPMENT，ILS-66S）内，在 3 000 psi 压力及 70 ℃水浴温度下静置 10 min 完成层压。

（6）层压完成的生瓷片从密封袋中取出后放入高精度切割机（KEKO EQUIPMENT，CM-1508）内，在高倍显微镜的辅助下将层压过程中形成的边缘毛刺切割去除，并按尺寸切割为多个独立的小生瓷片。

（7）将生瓷片放置在陶瓷垫片表面，在上方放置镂空的陶瓷板进行固定，并将整体放置在高温马弗炉（郑州天纵 BLMT-1800XA），设定温升曲线，在高温下将生瓷片烧结至成熟。

图 2-5（a）所示为生瓷片烧结曲线，为了防止生瓷片烧结过程中由于内部有机粘结溶剂等释放过快产生过量气泡，造成敏感芯片变形破裂，因此在450 ℃之前保持 4 ℃/min 的加热速率，在 450 ℃以后生瓷片内部有机物基本排出，升温速率上升至 8 ℃/min，温度达到 1 550 ℃后保持 2 h，直至生瓷片烧结成熟。生瓷片烧结前后对比如图 2-5（b）所示，可以看出烧结成熟的生瓷片出现收缩的现象，收缩比例约为 1.19。

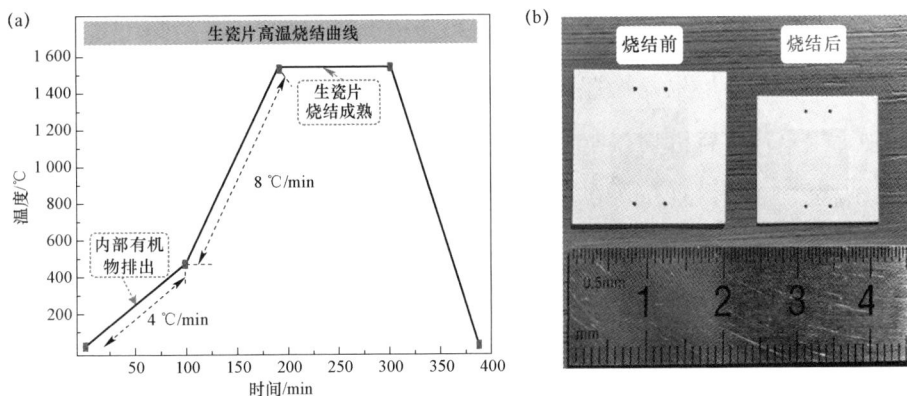

图 2-5　（a）生瓷片烧结曲线图；（b）高温烧结前后生瓷片对比图

2.3.1.2　碳膜填充工艺

前期烧结实验后，发现生瓷片在烧结完成后均存在不同程度的空腔塌陷，如图 2-6 所示，敏感膜在无压力作用下即已弯曲，大大降低了压力敏感芯片的线性度及测试量程。基于此，在本小节中，提出了一种碳膜填充方法，可以有效防止生瓷片烧结过程中敏感薄膜的塌陷问题。

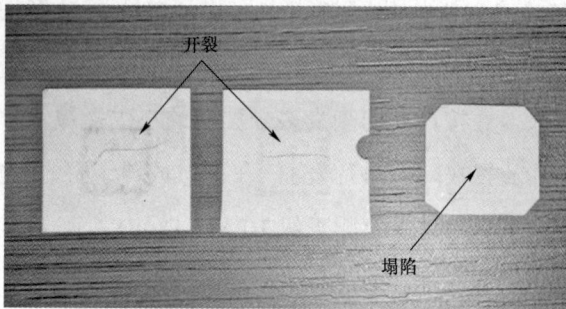

图 2-6　空腔塌陷及开裂陶瓷基底

碳膜是一种耐高温的无机非金属材料，其在 450 ℃ 以下性能稳定，在 450～730 ℃ 温度下发生高温气化。而生瓷片在高温烧结过程中经历先软化后硬化的过程，分析认为前期烧结实验中空腔塌陷正是因为生瓷片在高温下，内部黏结材料分子间相互作用力改变，分子间距离变大，从而形成松散的网状结构使得生瓷片变软。同时在重力作用下，生瓷片膜片向下弯曲，在烧结完成后空腔发生塌陷。因此，本小节中，生瓷片打孔完成后、多层生瓷片叠片之前，在中间层生瓷片打孔处填充与生瓷片厚度相同的碳膜。高温烧结过程中，生瓷片内有机物在 450 ℃ 下基本排出后，降低升温速率至 2 ℃/min 直至升温至 730 ℃，且在 730 ℃ 温度下保温 2 h，完成碳膜材料的挥发。此处，降低升温速率是为了碳膜高温下产生的 CO_2 等气体可以顺着有机物流失产生的网状孔缓慢地排出生瓷片外，不造成敏感膜片变形或破裂。此时，生瓷片已逐渐固化不致塌陷，图 2-7 所示是填充碳膜后的烧结曲线及烧结成熟的生瓷片，相比较填充碳膜前空腔的塌陷问题已经大为缓解。

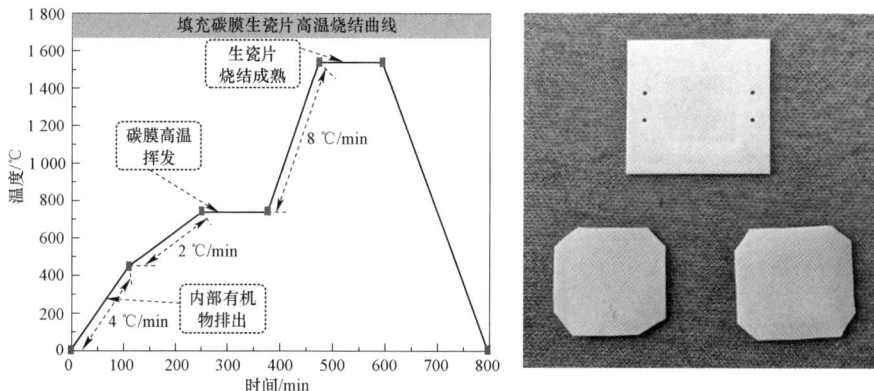

图 2-7　填充碳膜后生瓷片烧结曲线和烧结完成的陶瓷基底

2.3.2　耐高温电容功能层制备

为实现传感器在高温工况环境下的稳定工作，电容功能层的材料应具备耐高温特性。在本小节中，选用银浆为材料，通过丝网印刷后烧结的工艺将银电容功能层稳定地集成在氧化铝陶瓷基底表面，实现耐高温压力敏感芯片的制备。

丝网印刷工艺是一种通过可设计图形的掩膜网板透过浆料在基底上实现特定电路图形的工艺。在本小节中，选用 PC-AgPd-8203 钯银浆料作为原材料，应用 325 目分辨率的不锈钢网面丝网印刷版，完成电容功能层在基底表面的图像化，制备的流程如图 2-8 所示。

具体的制作流程如下：

（1）将烧制成熟的氧化铝陶瓷基底放入超声清洗机有机清洗后吹干。

（2）将丝网印刷版网面与基底表面贴合，银浆料点涂在丝网印刷版网面，利用橡胶刮刀将浆料涂抹均匀，利用浆料的自流平逐渐形成平整的银电容上极板。

（3）将基底放置在加热台上，在 100 ℃温度下加热 10 min 完成银浆料的初步固化。

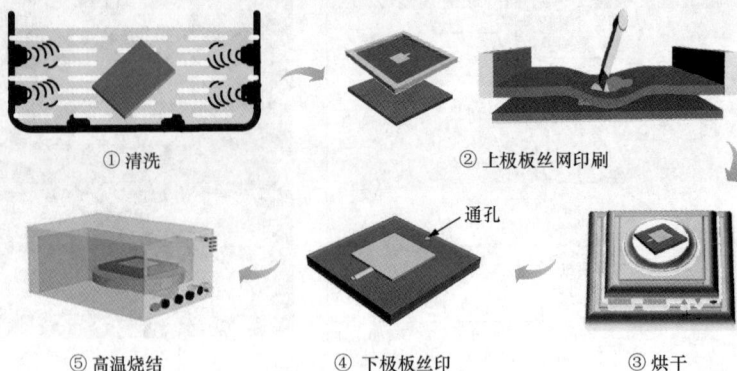

图 2-8　单电容式压力敏感芯片制备流程

（4）将基底反面按照相同的方法丝印电容的下极板。

（5）将陶瓷基底与银功能层组合胚体放置在马弗炉内，输入升温烧结程序，在 850 ℃下保持 2 h 使得钯银浆料内的胶体和有机溶剂等完全排出，银功能层紧密地集成在氧化铝陶瓷表面，完成单电容式耐高温压力敏感芯片的制备。

高温烧结后浆料从不导电的灰色膏体状转变为导电的亮白色固体，高温烧结曲线及制备的实物如图 2-9 所示。

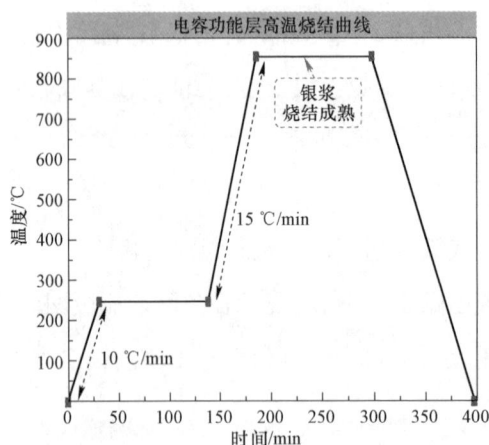

图 2-9　高温烧结曲线及制备的实物图

2.3.3　低温共烧陶瓷差动电容式敏感芯片制备

三极板差动电容式敏感芯体由于功能层位于内部，不能采用先烧结完成氧化铝陶瓷基底、后再在其表面丝网印刷印刷功能层后烧结的制备方法。在本小节中，设计了一种低温共烧陶瓷（LTCC）的工艺，实现三极板-两空腔差动电容式耐高温压力敏感芯片的制备。

低温共烧陶瓷工艺是在较低的高温条件下（850 ℃左右），实现金属导体与陶瓷基底共同烧制的一种多层电路结构加工方法，通过在生瓷片内添加低温烧结玻璃相的方式调节银浆料与生瓷片的烧结温度，从而达到基底与功能层结构共同烧制的目的。三极板差动电容式敏感芯体的制备流程如图 2-10 所示。

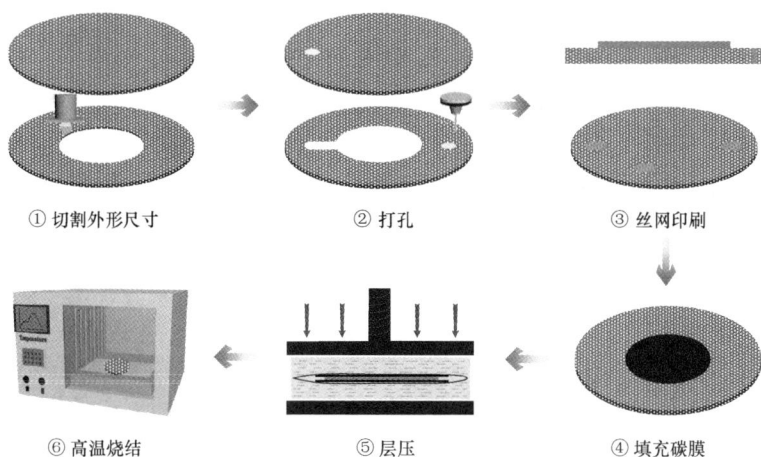

| ① 切割外形尺寸 | ② 打孔 | ③ 丝网印刷 |
| ⑥ 高温烧结 | ⑤ 层压 | ④ 填充碳膜 |

图 2-10　三极板差动电容式敏感芯体的制备流程

具体的工艺步骤如下：

（1）按照设计尺寸完成八层生瓷片的外形加工，其中在第 2 层及第 4 层生瓷片加工空腔结构。

（2）在第 1、2 层相应位置加工进气孔，在第 2~7 层相应位置加工导电通孔。

（3）在第 1、3、5 层生瓷片下表面分别丝网印刷电容上极板、中间板及下极板银浆料层，并在各层导电通孔内点涂银浆料且在第 8 层生瓷片下表面形成与电容极板相连的焊点。

（4）在第 2、4 层生瓷片的空腔内填充与生瓷片相同厚度、与空腔相同大小的碳膜。

（5）将 8 层生瓷片按顺序自上而下进行叠片，放入密封袋中抽真空后在层压机内水浴加压，完成多层生瓷片及银功能层间之间的低强度结合。

（6）将层压完成的压敏芯片胚体放置在马弗炉内，设置高温烧结程序，在一次烧结中完成生瓷片及银浆料的共同烧制，最终实现三极板差动电容式耐高温压力敏感芯片的制备，图 2-11 为制备完成的实物图。

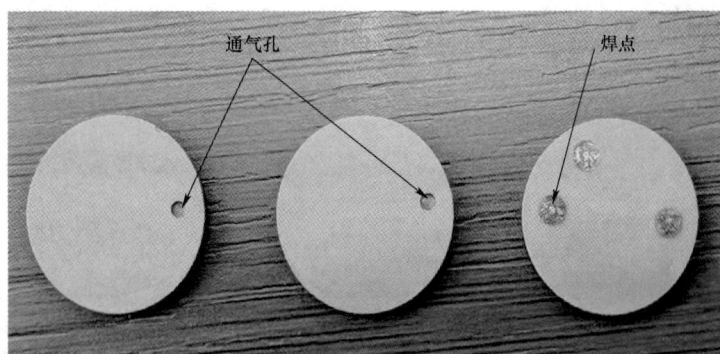

图 2-11　三极板差动电容式敏感芯体实物

对制备出的三极板差动电容式压力敏感芯片的初始电容值进行了初步测试，先后测试了以上三个不同烧制批次芯片的两个电容器的容值差，测试结果如图 2-12 所示。可以看出，①、②、③号芯片内两电容的容值差均值分别为 18.25、18.53、8.66，且三个中最小的容值差已经达到初始电容的 33.84%。依据测试结果分析，两电容的容值存在差异说明敏感膜片在烧结后依旧存在不平整甚至塌陷问题，带动中间极板在常压下即偏离中轴线，这样的结构无法有效地对高温环境造成的测试误差进行补偿且传感器的压力测试线性度等均有影响。

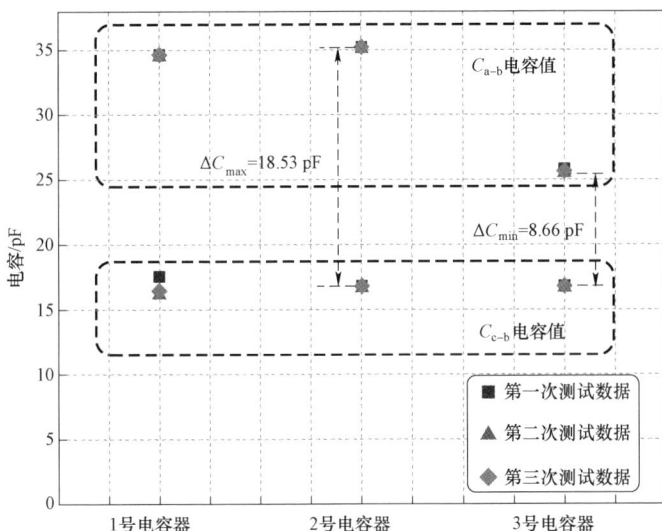

图 2-12　三极板差动电容式敏感芯体测试结果

2.3.4　高温钎焊型差动电容式敏感芯片制备

在本小节中，设计了一种针对差动电容式敏感芯片的高温钎焊工艺，摒弃基底材料的生瓷片层压后高温烧结的方法，改用烧制成熟的陶瓷片作为原料，在两层陶瓷片间填充玻璃浆料后热压焊接的方式实现压力敏感空腔的制备，制备工艺流程如图 2-13 所示。

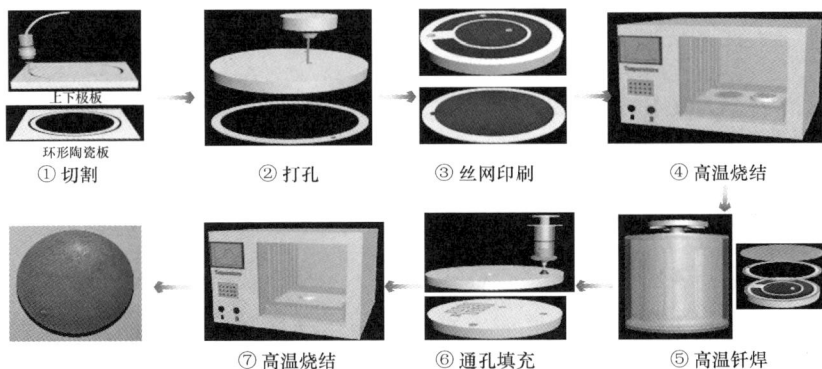

图 2-13　高温钎焊型差动电容式敏感芯片制备工艺流程

具体的制备工艺步骤如下：

（1）根据尺寸设计，利用陶瓷雕刻机完成陶瓷上层板、底座以及环形腔层的外形尺寸切割。

（2）将陶瓷底座和环形腔层固定在激光打孔平台上，按照结构设计进行打孔。

（3）按照结构设计采用丝网印刷技术在陶瓷上层板、底座表面印刷银浆料，形成差动电容的 α、β、γ 极板。

（4）将丝网印刷完成后的陶瓷上层板、底座图案朝上置于马弗炉中，将银浆料高温烧结并紧密集成在陶瓷表面。

（5）在上层板、底座以及环形腔层的结合面印刷玻璃浆料，从上到下堆叠并放入耐高温模具内，施加压力使玻璃浆的接触面均匀分布，并在 600 ℃下保温 2 h，完成陶瓷上层板、底座以及环形腔层的高温钎焊。

（6）将银浆料填充在基底与环形腔层的通孔内，并进行初步烘干处理。

（7）将传感器放置在马弗炉内，通过高温烧结工艺实现极板与焊点间的耐高温电连接，并在底座下表面形成焊盘。

2.4　信号转换电路设计及传感器耐高温封装

2.4.1　C–V 转换电路设计

本小节中，以 CAV444 集成电路及 AD8221 仪表放大器为核心设计了电容式传感器的 C-V 转换电路。CAV444 是 AMG（Analog Microelectronics Gmbh）在 CAV424 的基础上推出的电容-电压转换芯片，它可以将传感器作为集成测量振荡器的电容，通过充放电产生振荡周期，振荡周期与测量电容线性相关。直流电压信号通过频率/电压电路和低通滤波器输出。经过零点和满量程可调输出阶段，得到所需的电压信号输出，输出电压和参考电压成为差分电压输出。AD8221 是一款增益可编程的高性能仪表放大器。与同类产品相比，相对于频率具有更高的共模抑制比（CMRR）。此外，其他仪器放大器的 CMRR 在 200 Hz 时衰减，而 AD8221 在增益为 1 且频率高达 10 kHz 时保持 80 dB 的最小 CMRR。在频率方面，高 CMRR 允许 AD8221 抑制宽带干扰和线性谐波，这大大简化了滤波要求。本小节中设计的 C-V 转换电路的功能如下：

CAV444 集成电路采集来自电容敏感芯片的变化，经过处理后将电容信号线性转换为电压信号。微弱电压信号经过滤波后输出到 AD8221 仪器放大模块。AD8221 模块对弱电压信号进行放大，输出 0～5 V 的直流电压信号。电路的原理图如图 2-14 所示。

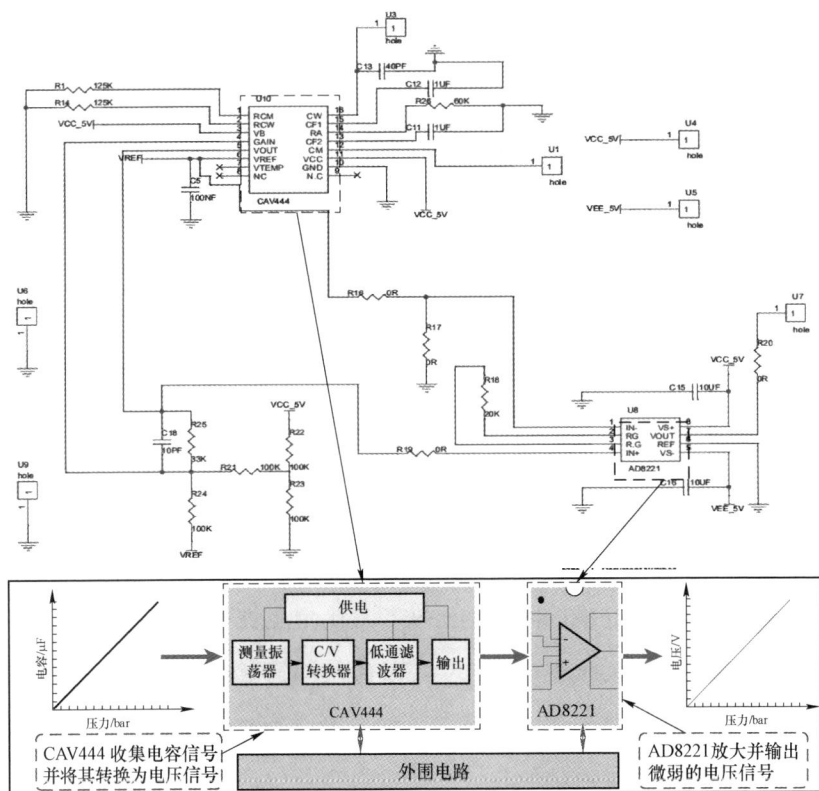

图 2-14　C-V 转换电路原理图

45

2.4.2　单电容式压力传感器耐高温封装

由于制备完成的压力敏感芯片尺寸较小且陶瓷主体材料脆性较大，同时芯体与电路板之间连接线路不加固定极易产生可变的寄生电容。因此，在本小节中研究一种耐高温的单电容式压力传感器封装方法，实现芯体与转换电路的结构保护、芯体与转换电路间的耐高温电连接、C-V 转换电路的高温保护，以及传感器内部的高温气密封功能。

耐高温单电容式压力传感器选用 304 不锈钢作为外壳结构的主体材料，外壳结构分为前端的进气外壳、后端的保护外壳以及尾部的防爆电缆头，压敏芯片以及转换电路处于两部分外壳的中间，外壳以及防爆电缆头间通过螺纹完成连接。此时，传感器内部芯片与转换电路间如何实现耐高温的气密性电连接，C-V 转换电路如何实现高温下稳定工作是亟需解决的关键问题。

2.4.2.1　耐高温气密性电连接设计

考虑到被测压力气体通过传感器进气口作用到压敏芯片后，为保证静态测试性能，需要在电信号引线输出的同时创造壳体内部密封环境。传统的密封电连接器由于材料及结构限制无法耐受高温环境，因此，在本小节中选用一种耐高温的密封电连接器，如图 2-15 所示，该连接器主体结构为不锈钢铸件，在中心处开孔并插入铜柱完成电连接，且在铜柱与开孔处的间隙填充玻璃粉后，经过高温烧结实现密封，该电连接器可实现超过 450 ℃高温环境下的密封稳定电连接。

然而，前期制备完成的陶瓷基压敏芯片由于脆性较大且尺寸较小，与电连接器直接相连时容易出现短路甚至芯片破裂的情况。同时，由于电连接器采用螺纹结构与前端外壳相连，若在芯片与电连接器间使用引线焊接的方式连接，在封装时随着螺纹的旋转极易造成引线断裂造成短路情况。基于此，在本小节中，设计了一种陶瓷转接模块，实现压敏芯片与电连接器间无引线的耐高温稳定互联。

图 2-15　耐高温气密封电连接器

　　设计的陶瓷转接模块如图 2-16 所示，材料为 99 氧化铝陶瓷，转接模块的下半部分按照铜针的尺寸进行打孔，考虑到压敏芯片焊点间的距离与两铜针间的距离存在差异，在转接模块的上半部分设计了一个斜角使通孔正对压敏芯片的焊盘位置，在通孔内填充银浆料后与压敏芯片焊盘对准并高温烧结成整体（如图 2-17 所示）。随后在转接模块下半部分的通孔内填充低温固化型导电浆料 NGWD-1400K，并将电连接器的铜针插入通孔内，在 180 ℃加热完成导电浆料的完全固化。NGWD-1400K 浆料可在超过 450 ℃的高温环境下稳定电连接，但其粘结力较小，此处电连接由铜柱与银通孔的硬连接以及导电浆料填充性连接共同组成，芯片、转接模块、电连接器的封装如图 2-17 所示。

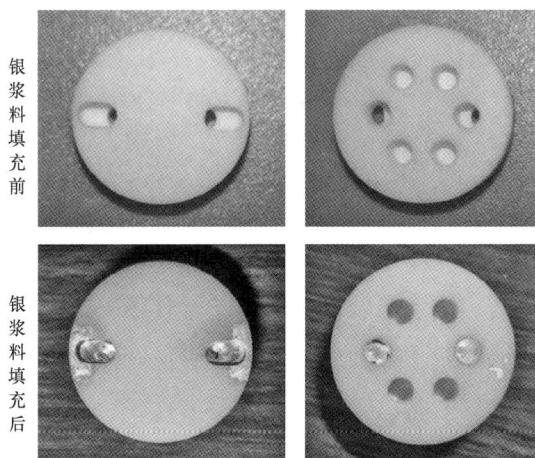

图 2-16　陶瓷转接模块

图 2-17　压敏芯片、转接模块及电连接器装配图

2.4.2.2　转换电路高温保护设计

C-V 转换电路由于内部 CAV444 等芯片的耐温限制，最高工作温度不能超过 85 ℃。因此，在传感器结构设计中，除了将电路板放置在传感器的最后端，通过提高热传导距离降低电路板附近的环境温度外，还需加入莫来石、气凝胶等隔热材料进一步对传感器进行热保护，传感器整体结构热传导示意图如图 2-18 所示。

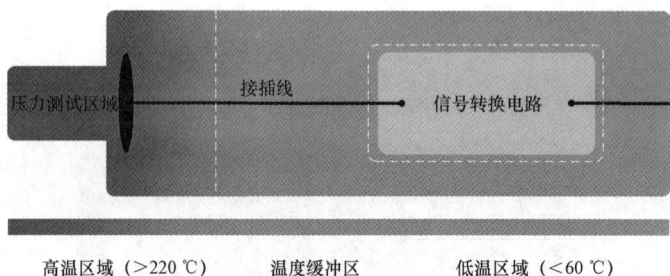

图 2-18　传感器整体结构热传导示意图

莫来石是一种铝硅酸盐矿物通过人工高温加热后形成的一种优质耐火材料，其在冶金、铸造、电子等领域应用广泛，具备一定的机加工性能，常被用做电炉内衬、热障涂层等。气凝胶是一种通过溶剂凝胶法制备的多孔网络结构固态材料，其导热系数为 0.012～0.024 W/（m·K），具有导热系数低、使用范围广、耐温高等多项优良性能。

如图 2-19 所示，在后端外壳内部内嵌一层莫来石隔热层，再在电路板与莫来石间的间隙内包裹气凝胶材料，最后在后端外壳内灌封耐高温硅胶，完成电连接器与电路板间引线及各结构的固定。

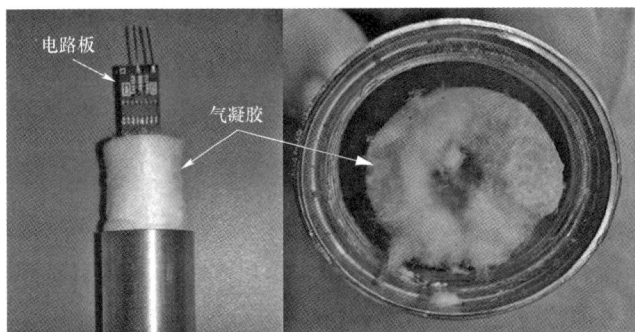

图 2-19　传感器电路板热保护结构

综上，压力传感器的封装按照从内到外、从前到后的顺序进行，内部封装结构图如图 2-20 所示。

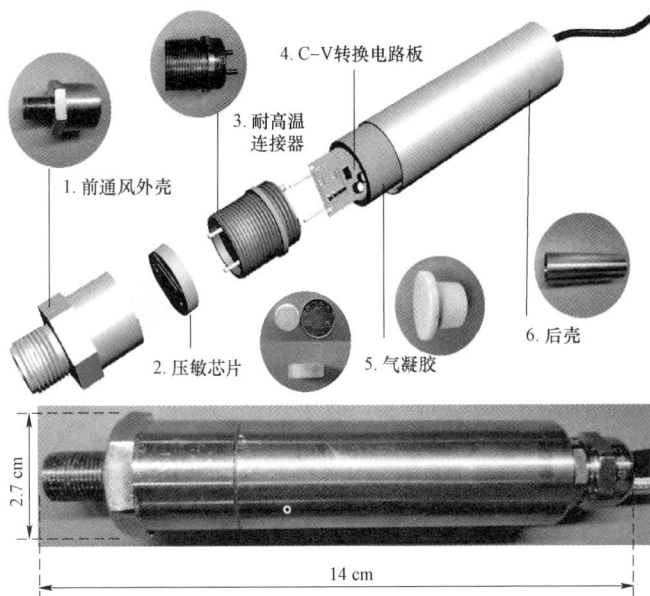

图 2-20　传感器整体结构图及实物

具体的安装步骤如下：

（1）将制备完成的压力敏感芯片与陶瓷转接模块高温焊接为一体。

（2）耐高温电连接器前端铜柱穿入转接模块的通孔内，填充低温导电浆料烧结后完成电连接。

（3）耐高温连接器通过螺纹结构安装在前端外壳内，在螺纹末端连接位置通过激光焊接方式完成气密封装。

（4）将 C-V 转换电路板前端的两个引脚插入耐高温连接器后端的插孔中并完成焊接。

（5）在后端外壳内套入莫来石管，并在电路板与莫来石间填充气凝胶。

（6）将电缆线从后端外壳的螺纹口引出，后端外壳与电连接器间通过螺纹连接，从电缆与螺纹口间的空隙向内填充耐高温硅胶，完成传感器内部结构的固定。

（7）将防爆电缆头穿过电缆线通过螺纹连接在后端外壳尾部，并调节锥形锁紧口完成电缆线的固定。

2.4.3　差动电容式高精度压力传感器耐高温封装

在本小节中，针对前期设计的两极板差动电容式压力敏感芯片的耐高温封装方法展开研究。相较于单电容式压力传感器的封装，差动电容式传感器由于引线增多结构更为复杂，同时为了提高传感器的耐高温性能，设计了全新的分体式封装方式将耐温能力最低的转换电路板与前端的压敏芯片间的距离加长，并减小连接结构的截面积，尽可能减小热传导效率，具体研究内容包括以下四点。

2.4.3.1　整体结构设计

分体式结构是本研究设计的差动电容式压力传感器的耐高温封装关键结构，其主要功能是将前端耐高温的敏感芯片与后端的转换电路的工作环境进行隔离，实现敏感芯片高温环境下压力原位测试的同时，通过隔绝距离降低辐射式热传递、通过减小电连接结构截面积降低传导式热传递。

差动电容式压力传感器的整体结构设计如图 2-21 所示，其关键部件主要包括引压端盖、前保护壳、U 形弹簧垫片、敏感芯片、陶瓷转接模块、环形卡套、前端盖、多孔陶瓷管、中空管、后端盖、C-V 转换电路板、后保护壳、后尾盖、防爆电缆头等。高温气体经引压端盖进入传感器内部，由压敏芯片完成压力信号表征。引压端盖到前端盖区域处于高温环境，且在此区域内需要实现敏感芯片与后端结构的高温稳定电连接，以及前保护壳内部的高温气密性封装，这是本节研究内容中需要攻克的两个关键难题。多孔陶瓷管及中空管组合处于较高温区域，此部分结构较长且截面积小可有效降低传递到后端的温度，同时多孔陶瓷管可以实现高温引线间的热绝缘以及位置固定，使引线间产生的微小寄生电容值稳定不变。后端盖至防爆电缆头区域处于常温环境，经过前端的一系列降温措施，后保护壳内部的 C-V 转换电路可以在常温环境稳定工作，将差动电容信号转换为电压信号后经电缆输出。

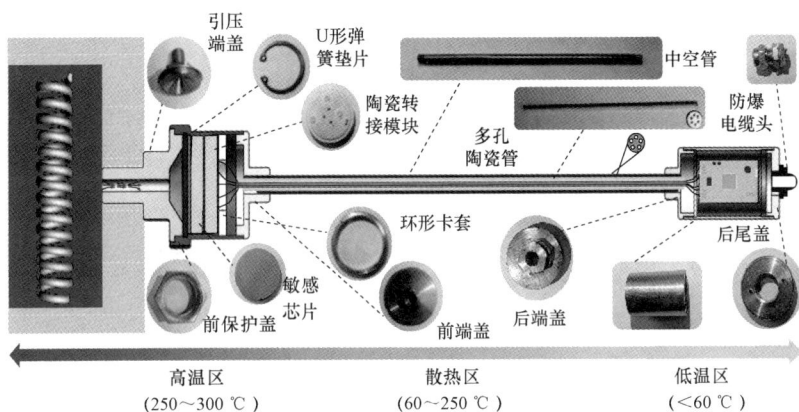

图 2-21　差动电容式压力传感器的整体结构

2.4.3.2　耐高温气密性设计

为保证压力传感器的静态测试性能，在高温气流从引压端盖进入传感器内部后，需要保证敏感芯片后端的高温密闭性。然后由于敏感信号的电容信号需要通过引线连接至后端的电路板实现信号转换，因此引线外圈的气密性封装至关重要。传统的密封电连接器由于材料限制难以实现高温环境下的稳定工作。基于此，本小节中，设计了一种压力传感器的耐高温气密封装方法。

首先，设计了一种带孔隙的陶瓷转接模块，其前端留有卡槽与前保护壳内部的限位环配合，同时陶瓷转接模块侧边的销孔与保护壳的销配合，如图 2-22（a）所示。然后，在陶瓷转接模块模块外圈与保护壳之间的缝隙内填入玻璃浆料（玻璃浆料在高温烧制成熟后是一种绝缘的耐高温材料，可实现陶瓷与不锈钢外壳间的气密焊接，且耐受温度超过 450 ℃），并将环形卡套通过螺纹结构安装在陶瓷转接模块模块后端，实现陶瓷转接模块的机械固定，如图 2-22（b）所示。最后，在引线通孔处以及陶瓷转接模块与环形卡套的接触区域填充玻璃浆料，并将组合体放入马弗炉内，设置高温烧结曲线，完成玻璃浆料的烧制，实现传感器内部的气密封装。玻璃浆料的高温烧结曲线如图 2-23（a）所示，完成高温气密封装的前端结构如图 2-23（b）所示。

图 2-22　前保护壳、陶瓷转接模块、环形卡套限位配合

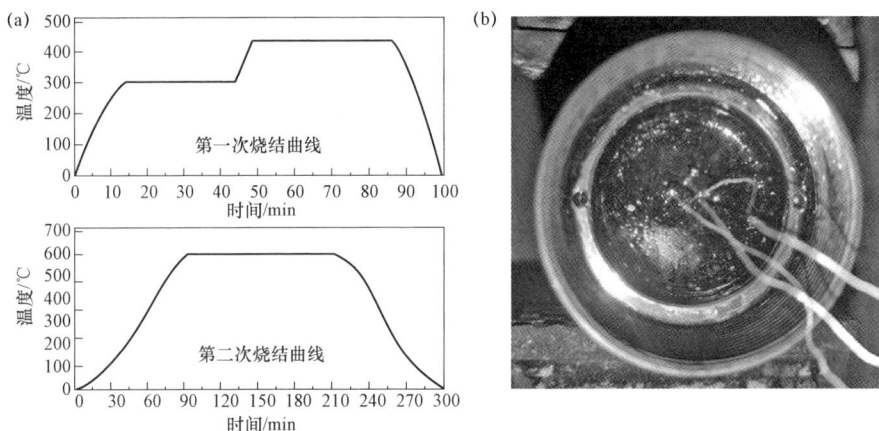

图 2-23　玻璃浆料烧结曲线及高温气密封装结构

2.4.3.3　耐高温电连接设计

相较于工业中广泛使用的常温传感器，耐高温压力传感器由于特殊的高温应用属性，其内部电连接方式受到很大程度的限制。由于传统电缆的有机材料绝缘层无法耐受高温，而无机材料绝缘层韧性较低，多次弯折后极易出现剥落，因此在传感器内部需尽量减少引线连接及带动引线旋转的结构件。基于此，在本小节中研究了一种芯片与转接模块间无引线的耐高温电连接技术。

首先，在陶瓷转接模块前端设计对应压敏芯片焊点的环形凸台，在凸台内部填入低温固化导电浆料，将压敏芯片的引脚插入环形凸台内，同时芯片侧边的销孔插入保护壳内部的销内，完成旋转限位，陶瓷转接模块与压敏芯片的连接如图 2-24 所示。其次，考虑到低温固化浆料的粘结性较低，为保证连接处的稳定电连接，在前保护壳芯片最前端位置加工圆形卡槽，在芯片与陶瓷转接连接后，将 U 形卡簧嵌套在卡槽内，完成芯片的前后限位，如图 2-25 所示。最后，将组合体放入马弗炉内，在 180 ℃高温环境下实现浆料固化，导电浆料与 U 形卡簧的限位挤压下实现芯片与陶瓷转换模块间高温环境下稳定电的连接。

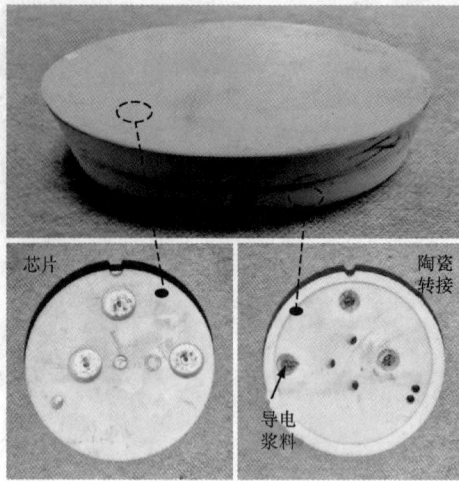

图 2-24　陶瓷转接模块与压敏芯片连接图

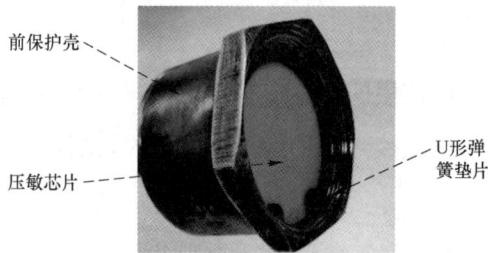

图 2-25　前端耐高温电连接紧固结构

2.4.3.4　集成温度补偿模块的高精度压力传感器封装结构设计

压力传感器在高温环境下工作时极易产生由温度变化造成的测试误差，这种误差除了敏感芯片以外，还会通过芯片与电路板之间连接线路的寄生电容处产生。同时，针对转换电路高温保护设计的分体式封装结构中芯片与电路板间相隔较长距离，差动结构的两电容对应的引线间寄生电容将对测试电容值产生较大影响，特别是在高温环境，若两部分寄生电容变化存在差异，则会极大影响传感器自身的温度补偿效果。因此在传感器内部电连接设计时需严格控制引线间的距离及连接方式，减小寄生内容对传感器测试精度的影响。因此，设计孔隙间距相等的多孔陶瓷柱结构，与芯片电连接的耐高温银线穿入陶瓷柱后，可实现可靠的高温绝缘。同时，硬线之间的间距完全相等使得其两两之间产生的寄生电容相同，相应地，同温度下寄生电容的变化相同，保证了差动压敏芯片的硬件温度补偿效果。

考虑到压敏芯片在制备过程中存在误差，且电路连接处产生的寄生电容亦存在差异，传感器在测量时依旧存在一小部分温度造成的测试误差。在本小节中，设计了一种原位温度传感器集成封装结构，为后续测试的软件补偿提供敏感芯片端的原位温度数据。原位温度传感器的集成封装结构如图 2-26 所示，在压力敏感芯片的基底层打孔，热电阻式温度传感器引线穿过陶瓷转接模块预留的孔洞，与耐高温银线一起连接到后端的测试电路，而热电阻头部伸入压敏芯片基底孔内，实现芯片原位温度测量。

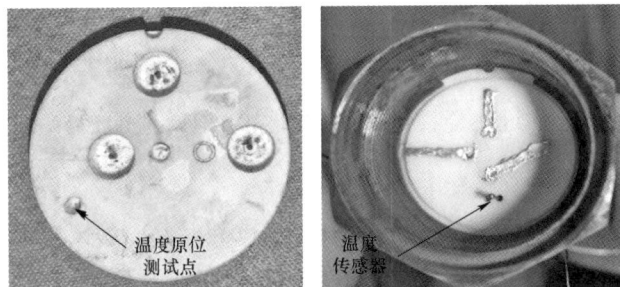

图 2-26　原位温度传感器的集成封装结构

实现以上关键封装结构技术突破后，即可进行耐高温差动电容式压力传感器的整体结构封装，装配步骤按照先高温后低温的顺序进行，具体封装步骤如下：

（1）考虑到 304 不锈钢以及玻璃浆材料的耐受高温局限，在高温气密封装之前将陶瓷转接孔内填充银浆并穿入耐高温银线，在 850 ℃下高温烧结完成焊接。

（2）按照前述高温气密封装方法，将前保护壳、陶瓷转接模块与环形卡套等通过螺纹、销孔等装配为一体，将热电阻温度传感器安装在陶瓷转接模块内，并在引线孔以及装配缝隙处填充玻璃浆料。

（3）将装配好的组合体以引线向上的方式放置于马弗炉内，设置高温程序，在两次烧结后玻璃浆料烧结成熟，完成传感器内部气密封装。

（4）按照前述高温电连接方法，在陶瓷转接模块前端对应芯片焊点位置的环形槽内填充低温固化导电浆料，将芯片安装在转接模块前端。此时，芯片引脚与陶瓷转接模块卡槽配合，芯片侧面销孔与前保护壳销配合，热电阻头与芯片底座孔配合。

（5）将 U 形卡簧安装在前保护壳的环形卡槽内，将压敏芯片固定在转接模块上方。将此时装配组合体放入马弗炉内，在 180 ℃温度下完成导电浆料的固化。

（6）将引压端盖以及前端盖通过螺纹结构分别安装在前保护壳的前端及后端，耐高温银线和温度传感器引线从前端盖的螺纹孔内穿出。

（7）将耐高温银线和温度传感器引线穿入多孔陶瓷柱内，需要注意对应 γ 极板的银线需与对应 α、β 极板的银线穿入孔的中心距离相等。

（8）将中空管穿过陶瓷柱通过螺纹结构与前端盖配合，并在尾部以同样方式完成与后端盖配合。

（9）将耐高温银线和温度传感器引线露出陶瓷柱孔外部分安装绝缘套管后，与转换电路引脚完成焊接，并在陶瓷与中空管的缝隙处填充硅胶完成固定（尾部温度较低可保证硅胶的粘结性）。

（10）将后保护壳套在电路板外围，通过螺纹结构与后端盖完成配合后，在电路板与后保护壳内壁的缝隙处填充硅胶，并在电路板后端焊接输出电缆线，后尾盖及防爆电缆头穿过线缆与后保护壳配合，并锁紧电缆线，完成耐高温高精度压力传感器装配，装配完成的系列传感器如图 2-27 所示。

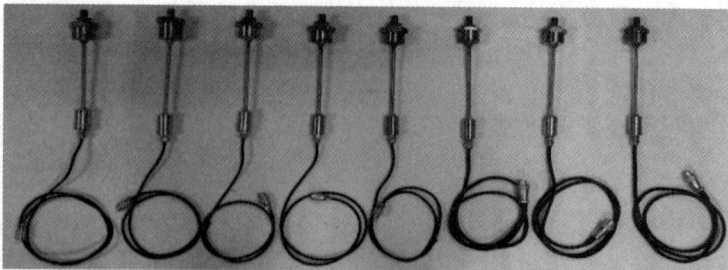

图 2-27　差动电容式耐高温高精度压力传感器样机

2.5　本章小结

在本章中，分析了薄板应变式的单电容及差动电容式压力敏感理论模型，研究了基于氧化铝陶瓷基底的层压成型、碳膜填充、丝网印刷、高温钎焊、高温烧结等工艺的耐高温单电容式、差动电容式敏感芯片制备方法，设计了信号转换电路，以及针对电路板热保护、耐高温电连接、耐高温气密封、集成温度补偿功能的整体封装结构，完成了耐高温高精度压力传感器件的制备。

第3章 旋转轴承耐高温温/速传感器件的设计与制备

3.1 概　述

针对航空发动机内部高温环境下关键旋转部件（如轴承）的温度及转速等参数原位高精度测试需求，本章分析了高旋转状态下轴承内圈温度信号无线传输，以及保持架转速非接触测量理论模型，研究了传感器在主轴、轴承、机架等结构的布局布线、固定及测量方式。其中，针对高转速状态下内圈温度信号转换需求，设计了离线式、在线式、无线供电式温度转换模块，实现了轴承高转速状态下温度信号长时间持续性获取及无线传输。针对高温状态下保持架转速测试需求，设计了小尺寸耐高温变磁阻式转速传感器，通过耐高温材料选取及精密封装结构设计，搭建了转速信号矩形波转换电路，实现了高温/高旋工况环境下轴承保持架转速信号的非接触稳定测量。

3.2　轴承温/速测试理论模型

3.2.1　内圈温度测试理论模型

高速旋转下，轴承内圈受到高温热载荷持续冲击，使其长时间停留在热回浸态之中，造成配合件热弯曲破坏，严重影响航空发动机的安全运行。而轴承结构件在弯曲损坏过程中摩擦加重导致内圈温度攀升，因此针对轴承内圈温度信息的精准监测对轴承及其配合件的故障诊断，甚至航空发动机的安全运行具有非常重要的指导意义。传统的轴承温度监测方法往往局限于轴承外圈或机架等非旋转结构件，通过经验估算或倒推的形式预估内圈温度变化，无法通过测试得到高速旋转状态下轴承内圈温度实时在线精准数据。

基于此，本研究中提出一种针对高速旋转状态下轴承内圈温度的实时在线检测方法，测试模型如图 3-1 所示。采用 T 型热电偶作为温度获取模块，其探头布置在轴承内圈与主轴限位环之间，在轴承内圈安装过程中锁紧固定（本研究中设计布置了四处测点，其中①、③号测点对位布置为探头通过限位环斜线孔后弯折到限位环与内圈接触面位置夹紧固定，②、④号测点对位布

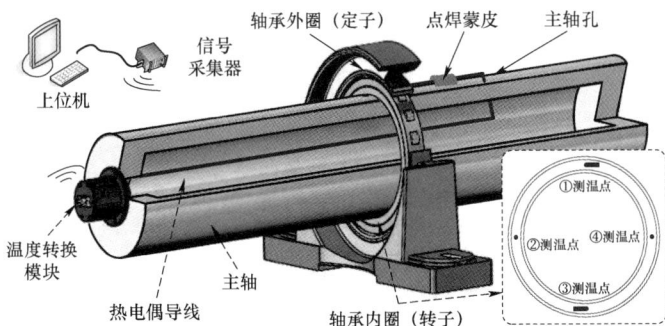

图 3-1　轴承内圈温度测试理论模型

置为探头深入限位环斜线孔底部与内圈接触测温）。为保证热电偶线缆在高速旋转状态下与主轴相对静止，采用点焊蒙皮技术将热电偶线缆紧固集成在主轴外表面，再通过过孔进入中空主轴内部，最终连接至主轴端面的温度信号采集模块，完成内圈温度模拟量的获取及数字转换。

温度转换模块安装于主轴端面，可随主轴高速旋转并完成信号采集。在高速运转状态下，主轴、轴承内圈、T 型热电偶，以及温度转换模块之间相对静止，解决了传统引线方式无法实现旋转构件表面测试的难题。下面对 T 型热电偶测试原理及温度补偿方法作简要介绍，在第三小节对本研究设计三种温度转换模块的设计和制备进行详细介绍。

3.2.1.1　热电偶测温原理

热电偶技术遵循塞贝克效应基本原理：两种不同金属导体连接形成回路，当回路两端处于不同的温度条件时，温差会引起两金属导体内产生微弱的电流 I，即产生热电动势 $E_{AB}(T, T_0)$。为了准确测量温度，热电偶的一端（被称为冷端或参考端，标记为 T_0）保持恒定且已知的温度。通过这种方法，回路的热电动势就仅与测量端（热端，标记为 T）的温度直接相关，建立起温度与热电动势之间的一一对应关系，通过测量这个电动势，就可以准确地推断出待测温度。具体原理如图 3-2 所示。

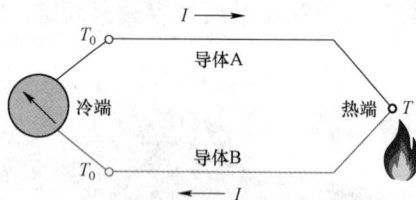

图 3-2　热电偶传感器测温原理图

热电势的大小与特点的温度值一一对应，不同材料制成的热电偶，其热电势与温度间的对应关系各不相同。这些特定的对应关系被称为该热电偶材料的分度特性。在表 3-1 中，展示了常用的五种热电偶类型。T 型热电偶因其适合低温测量，展现出良好的线性度、较高的热电动势输出、优异的灵敏度、相对低廉的成本，以及出色的稳定性、重复性等特点，在本研究所述的在线测试仪温度敏感单元中被选用。

表 3-1　常用热电偶类型及其特性

类型	导体 A	导体 B	温度范围/℃	精度	成本
T	铜	镍铜合金	−200～350	高	低
J	铁	镍铜合金	0～750	低	低
E	镍铬合金	镍铜合金	−200～900	中	低
K	镍铬合金	镍硅合金	−200～1 250	低	低
S	铂铑	铂	0～1 780	最高	高

在热电效应环路中，产生的热电动势 E_{AB} 由温差电动势和接触电动势组成。温差电势在由两种不同材料的导体 A 和 B 构成的闭合回路中产生，当两端温度不一致时，高温端的自由电子因热运动加剧而向低温端迁移，导致在两种材料交界处产生电势差，该现象也被称为塞贝克效应。该电势差的量化表达式为：

$$E_A(T,T_0) = \int_{T_0}^{T} \delta \mathrm{d}T \tag{3.1}$$

式中：$E_A(T,T_0)$代表导体 A 两端温度 T 和 T_0 时的温差电势，δ 代表汤姆逊系数。从式可知温差电势的大小只与导体的性质及材料相关。

接触电动势是在两种不同金属或半导体材料接触界面出现的特定电势差现象。在这一过程中，电子的扩散作用与静电场的反向作用力相互对立，直至系统达到一种动态的平衡状态。这时，两种不同材料的导体 A、B 间形成稳定的接触电势。其具体数值可以通过式（3.2）计算：

$$E_{AB}(T) = \frac{KT}{e} \ln \frac{N_{AT}}{N_{BT}} \tag{3.2}$$

式中：$E_{AB}(T)$代表在温度 T 时导体 A 和 B 接触点的接触电势，K 为玻耳兹曼常数，e 为单位电荷，T 为接触处的绝对温度，N_{AT}、N_{BT} 分别为导体 A、

B 在温度 T 时的电子密度。

总体电势 $E_{AB}(T, T_0)$ 可由式（3.3）计算得出：

$$E_{AB}(T, T_0) = \frac{KT}{e} \ln \frac{N_{AT}}{N_{BT}} - \frac{KT_0}{e} \ln \frac{N_{AT_0}}{N_{BT_0}} + \int_{T_0}^{T} (-\sigma_A + \sigma_B) \, dT \qquad (3.3)$$

由公式可知，热电偶所产生的总电动势大小仅仅取决于构成热电偶两种金属的类型，以及它们两端的实际温度。电动势的产生依赖于两种不同材质的导体连接并形成温度差，这样才能进行精确的温度测量，当参考端温度 T_0 保持不变时，总体电势 $E_{AB}(T, T_0)$ 仅与测量端的温度 T 有关。因此，通过测量热电动势的具体数值，通过查阅分度表中热电动势与温度之间的对应关系，即可间接确定被测对象的温度。

3.2.1.2 热电偶的冷端补偿

在热电偶的工作过程中，将接触较高温区域的那一端定义为工作端，而接触较低温的一端则称为冷端。为了保障测量的准确性，冷端在工作过程通常需要保持在一个已知且稳定的温度。在实际操作中，维持冷端温度在理想状态存在困难，因此需对冷端温度变化进行补偿。下面列举几种常用的冷端温度补偿技术。

（1）冷端恒温箱补偿法。将热电偶的冷端放置在稳定温度的恒温箱中（通常为 0 ℃），通过精确控制恒温箱内的温度，来保持冷端温度恒定。然而，在实际工程项目中，因外界环境复杂，导致恒温误差难以控制，不太适应现代工程的测量需求。

（2）PN 结温度传感器补偿法。基于半导体 PN 结的热电压效应，当 P 型和 N 型半导体材料结合形成 PN 结时，其正向偏置电压随温度升高而降低，这一特性即为热电压效应。PN 结温度传感器以其快速响应和良好的线性特性，适用于 −50～200 ℃ 的温度测量区间。它能够实时监测芯片内部温度并进行自我调节，保障系统在不同温度条件下的稳定性。

（3）计算补偿法。采用温度传感器对冷端温度直接测量，并根据热电偶的特性曲线实行数学计算补偿。计算补偿法的流程如下：实时监测冷端温度；依据热电偶的分度表计算在不同冷端温度下的热电动势；利用预先建立的数学模型或查找表，从测得的总热电动势中减掉冷端温度引起的电动势部分，以获得仅与热端温度相关的有效热电动势；最终，通过有效热电动势与分度表的对应关系，确定热端的实际温度。

（4）软件补偿法。使用微处理器、PLC 或其他控制单元，内置冷端温度补偿算法，结合温度传感器采集的冷端实际温度数据，依据已知温度-电压关系（塞贝克效应），计算冷端温度对测量结果的影响并进行补偿，以降低测量偏差，提升系统测量精度和可靠性。

本研究采用计算补偿法，利用数字温度传感器对 T 型热电偶实施温度补偿。通过 ADS1261 芯片获取热电偶测量端温度信号，并将数字温度传感器与热电偶冷端置于同一环境温度下采集冷端温度数据，进而计算出测量端的真实温度值。

3.2.2　保持架转速测试理论模型

轴承保持架在高温、高速运转、宽跨度和重载等严苛工况中长期运行，会导致其滚道与滚动体间的相对滑动，这种滑动是引起轴承早期失效的主要原因。由此产生的界面滑动会引发高水平的表面应力，进而显著增加了疲劳、裂纹、点蚀、打滑及刮擦损伤等故障的风险，这对轴承乃至航空发动机的整体运行安全构成了严重威胁。在轴承出现蠕变或微裂纹的初期阶段，滚子的旋转速度会呈现出规律性的波动。因此，通过精确测量轴承保持架的转速，可以迅速评估轴承和发动机的健康状况。据此，可以调整运行姿态，从而优化整机的控制性能和安全系数。

在本研究中，设计并实现了一种新型的耐高温轴承保持架转速感测系统，该系统由耐高温转速传感器、信号输入模块以及信号处理模块组成。信号输入模块的功能是将感测探头捕捉到的电信号转换为差分信号，并通过专用的滤波电路以消除信号中的杂讯，为信号处理提供纯净输入。在信号处理模块中，首先采用 LT1007CS 差分放大器对输入的差分信号进行放大处理，随后利用 TI3501 比较器将其转换成矩形波形。信号经过放大和整形后，通过 NPN 三极管驱动电路进一步调整至 0～24 V 的电压范围。最终，经过处理的电信号以矩形方波的形式，在示波器上直观展示（如图 3-3 所示）。

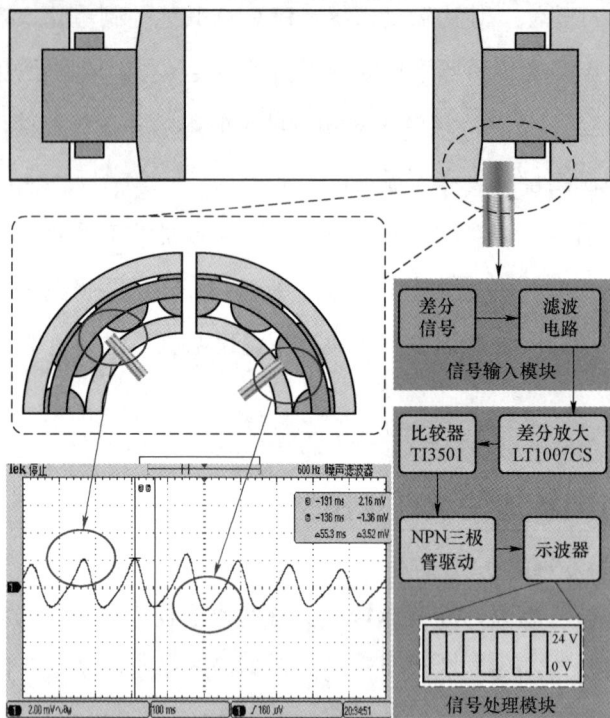

图 3-3　保持架转速非接触测量原理

磁电式传感器的工作原理主要基于磁阻效应和电磁感应。

（1）磁阻效应：在缺乏外部磁场的情况下，导电材料内的电子在传导过程中所遭受的散射是无序的，这维持了材料电阻的相对恒定。但是，当材料被置于磁场之中，磁场的存在会对载流子（如电子）的路径产生作用，导致电子在材料内部的行进轨迹发生偏转。此类偏转提升了电子与材料微观结构发生碰撞的概率，进而导致材料电阻率的上升。该现象可通过以下数学表达式进行量化：

$$R_m = R_0(1 + \alpha B) \tag{3.4}$$

式中：R_m 是磁阻元件在磁场中的电阻值；R_0 是磁阻元件在无磁场时的电阻值；α 是磁阻元件的磁阻系数；B 是通过磁阻元件的磁感应强度。

（2）电磁感应：在旋转磁体经过传感器之际，磁阻元件内部的磁通量将随时间发生变动，从而引发感应电动势的产生。该现象遵循法拉第电磁感应定律的描述：

$$\varepsilon = -N\frac{\mathrm{d}\varPhi}{\mathrm{d}t} \tag{3.5}$$

式中：ε 是感应电动势；N（对于磁阻元件，可以看作是 1）；$\varPhi$ 是通过磁阻元件的磁通量；$\dfrac{\mathrm{d}\varPhi}{\mathrm{d}t}$ 是磁通量随时间的变化率。

传感器输出信号的频率与转速的关系可以通过下面的公式描述：

$$f = \frac{nz}{60} \tag{3.6}$$

式中：f 是传感器输出信号的频率（Hz）；n 是转速（r/min）；z 是旋转磁体（如轴承）上的滚珠数。

此外，在考虑磁电式转速传感器时，应当区分开磁路和闭磁路两种类型。本研究采纳的转速传感器属于闭磁路设计。在应用该传感器时，至关重要的一点是确保传感器与被测轴承之间的连接牢靠，以避免由于连接不稳定、松动或分离而引起的测量偏差或对传感器的损害。根据特定的测量目的和环境因素，应当慎重挑选传感器的型号及其安装位置，以保证测量结果的精确和系统可靠性。

本研究设计的轴承保持架传感器属于变磁阻型磁电传感器。该传感器的主要功能模块包括磁路系统与线圈。磁路系统负责生成稳定的直流磁场，其采用永磁体设计不仅确保了磁场的长期稳定性，同时也实现了传感器的小型化。线圈则负责将相对运动中磁通量的变化转化为感应电动势，该电动势的幅值与磁通量变化的速率成正比。传感器还整合了若干辅助组件，如外壳、支撑架构、阻尼元件以及接线配置等。在轴承旋转过程中，因轴承滚珠间的间隙发生相对运动，导致磁阻值出现变动，进而在线圈中激发交流感应电动势。通过对该电动势幅值的检测，可以准确测定轴承的转速。

本研究开发的传感器具备多项显著优势。例如，传感器探头的制造采用了耐高温材料，并进行了专门的隔热封装处理，确保了在室温至 270 ℃的温度范围内，能够精确地捕捉转速信号。此外，探头的体积经过优化，小巧精致，使其能够轻松插入轴承内外环之间的狭窄空间，显著增强了传感器的信号输出强度。值得注意的是，该传感器的设计避免了在轴承表面安装敏感元件，从而维护了轴承结构的完整性。

利用自主研发的高温试验平台进行验证，结果表明，该耐高温转速传感器具备快速的响应能力，能够稳定且高效地在高温条件下实现转速的非接触式测量。据此可见，该耐高温转速传感器在重型机械装备及航空航天行业中的应用潜力巨大，并展现出广泛的应用前景。

3.3　高转速轴承内圈温度转换模块设计与制备

3.3.1　离线式温度转换模块设计与制备

3.3.1.1　离线式温度转换模块总体设计

设计的基于单片机的离线式温度转换模块，本研究选择 STM32F103RCT6 微控制器作为核心处理单元，构建了一个包含电源部分、信号调理模块、数据存储单元，以及 RS-232 通信接口的系统架构。此系统的工作电源由一个 7.4 V 的电源模块提供，确保了电路的稳定运行。热电偶检测到的温度信号首先通过信号调理电路进行放大，随后由 STM32F103RCT6 的内部模数转换器（ADC）进行模数转换。转换后的数据被存储在单片机的内置存储器中。在完成温度数据的采集之后，利用 Matlab 软件对所收集的数据进行深入分析和曲线拟合，以获得更准确的温度变化趋势。基于单片机的离线式温度转换模块硬件原理框图如图 3-4 所示。

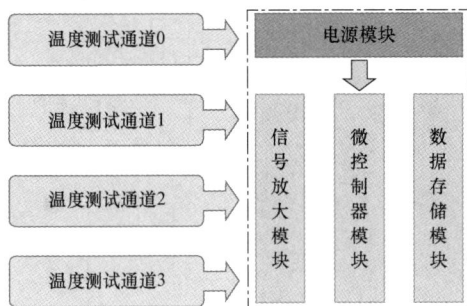

图 3-4 离线式温度转换模块总体框图

3.3.1.2 转换模块电路设计

离线式温度转换模块电路主要由主控单元、电源电路、信号采集放大电路、时钟电路以及触发电路等组成，电路图设计如图 3-5 所示。

1. STM32F103RCT6 主控单元

STM32 系列微控制器，基于 ARM 架构的 32 位处理器，具有高速计算能力、强大的处理性能、低能耗以及出色的可扩展性。在本研究中，选用了 STM32F103RCT6 型号的微控制器作为核心组件。该芯片配备了 256 kB 的 Flash 存储器，内置的双 12 位模数转换器（ADC）能够实现对温度信号的多通道采集需求。此外，其多样化的引脚配置，为外围电路的扩展提供了设计上的灵活性。在本设计中，主控单元承担着对采集数据的解析和运算任务，负责将模拟信号转换后的数字数据进行存储与处理，并根据需要设定工作模式。通过集成的串行通信接口，利用 CH340 控制芯片，主控单元将处理后的数据通过串行端口发送至上位机，从而在上位机上直观地展示温度信号的原始波形。这种设计不仅提高了系统的数据处理能力，也为后续的数据分析和系统扩展提供了便利。

67

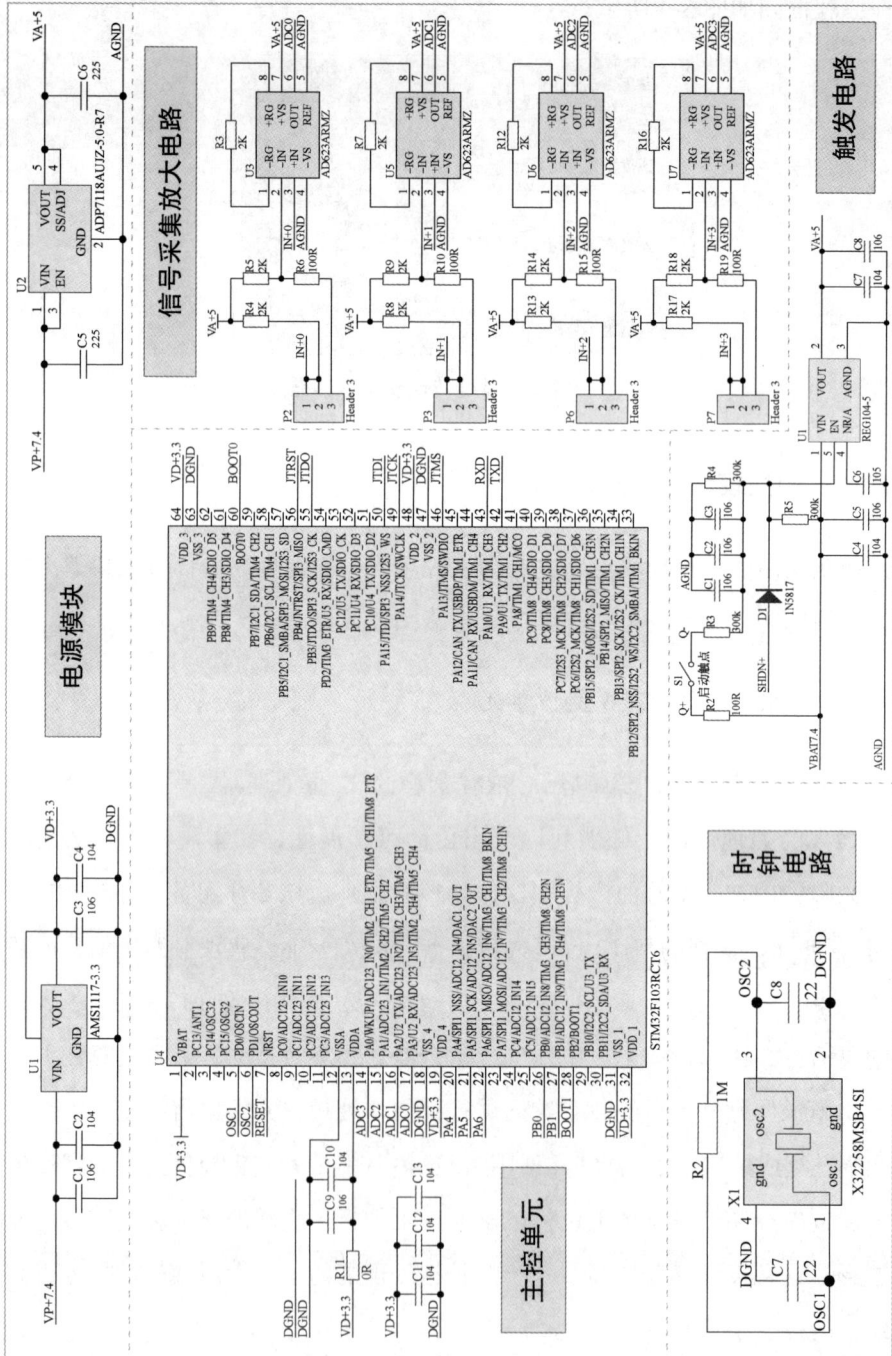

图 3-5　离线式温度转换模块电路图

2. 电源模块

在本研究的电路设计中，考虑到系统对不同电源电压的需求，本研究设计了多路电源电路以满足这些需求。具体来说，本研究采用了 AMS1117-3.3 稳压器芯片来确保 3.3 V 电压的稳定输出，同时选用了 ADP7118AUJZ-5.0 低压差线性稳压器（LDO）来实现 5 V 电压的稳定供应。这种设计策略允许系统根据不同模块的电压需求，提供精确且稳定的电源。进一步地，在电源的输入端和输出端，本研究特别配置了具有特定电容值的去耦电容。这些去耦电容的引入是为了有效抑制电源线路中可能产生的电压波动，从而减少这些波动对电路中信号完整性的潜在影响。通过这种方式，本研究能够确保下游电路接收到的电源质量，提高整个系统的稳定性和可靠性。这种电源管理策略在电子电路设计中是至关重要的，尤其是在需要高精度和高稳定性的应用场景下。

3. 信号采集放大电路

在本研究中，所开发的数据显示系统配备了四个独立的通道，专门用于温度信号的采集。这些通道通过主芯片 AD623APMZ 的放大模块进行信号放大处理。AD623APMZ 是一款以高精度、低噪声和轨到轨输出特性而著称的精密增益放大器，其设计满足了对信号质量的严格要求。该放大器之所以受到工程师的广泛青睐，归功于其卓越的性能表现、灵活的增益调节能力以及适用于多种应用场景的通用性。通过这种设计，系统能够高效地处理来自不同温度传感器的信号，确保了数据采集的准确性和可靠性。这种对信号处理模块的精心设计，不仅提升了系统的整体性能，也为后续的数据解析和分析奠定了坚实的基础。

4. 时钟电路

在本研究的微控制器系统中，时钟模块扮演着核心角色，它负责向整个系统及其各个独立外设提供必要的时钟信号。X32258MSB4SI 晶振以其高稳定性、宽广的工作温度范围以及紧凑的封装尺寸而受到青睐。这些特性使得它非常适合用于需要精密时钟控制的场合。本研究选用了 X32258MSB4SI 型号的无源晶振，作为测试系统的时钟信号源。通过这种精心设计的时钟模块，本系统能够实现高效且可靠的时序控制。

5. 触发电路

在本研究中，采用了 REG104-5 芯片，这是一种具备低接地引脚电流特性的集成电路，用于实现温度信号采集电路的启停控制。该芯片的选型基于其在低功耗应用中的优异表现，以及其在电路设计中对于精确控制的需求。在系统上电时，触发模块通过 REG104-5 芯片的控制逻辑，实现电路的连通。此时，触发模块向主控板提供稳定的 5 V 电压信号，触发主控板开始执行温度信号的采集任务。在数据采集流程结束后，触发电路通过 REG104-5 芯片的控制机制下电，从而终止数据采集过程，标志着一个完整的数据采集周期的结束。REG104-5 芯片的引入，不仅提高了系统控制的灵活性和精确度，同时也优化了系统的能耗表现，这对于长时间运行的数据采集系统尤为重要。

3.3.1.3 印制电路板布局设计

在电子工程领域，印制电路板（PCB）布局与布线是电路设计过程中至关重要的步骤。这一阶段的设计决策对电子设备的最终性能、可靠性以及生产成本有着显著的影响。在进行 PCB 设计时，必须全面考虑包括但不限于分区布局、电源和地设计、信号完整性和阻抗匹配、布线规则和机械稳定性等多个维度的因素。

1. 分区布局

在进行电子系统的 PCB 设计时，必须对模拟信号区域与数字信号区域进行严格的分离，以减少它们之间可能产生的相互干扰。这种分离策略对于维护信号的完整性和系统的稳定性至关重要。针对高速信号的处理，设计中应优先考虑缩短高速信号线的路径，并尽可能采用直线化布局。这样的设计可以降低信号传输过程中的延迟和反射，从而提高信号的传输质量。同时，功率器件的布局应与系统中的敏感元件保持一定的距离。这一措施有助于降低功率器件在开关过程中可能产生的电磁干扰对敏感元件的影响，确保系统的性能不受干扰。

2. 电源和地设计

在电子电路的 PCB 设计中，电源层和地层的布局对于确保系统的稳定性和性能至关重要。在采用多层板设计时，必须确保电源层和地层的完整性，这有助于提供稳定的电源供应并减少信号间的串扰。在电源输入端，合理配置去耦电容是降低电源噪声的关键措施。去耦电容能够有效地滤除电源线中的高频噪声，从而减少这些噪声对电路性能的不利影响。此外，数字电路和模拟电路的地线处理需要特别注意。数字地和模拟地应当通过单点连接或者使用磁珠、共模扼流圈等元件进行隔离，以实现有效的噪声隔离。这种处理方法有助于防止数字噪声对模拟信号的干扰，确保模拟信号的纯净度。

3. 信号完整性和阻抗匹配

在高速信号传输的学术研究与工程实践中，对于信号线，尤其是时钟线等关键信号的布线策略，需要特别关注走线长度的匹配问题。这一措施对于减少信号在传输过程中的反射和串扰至关重要，有助于维持信号的完整性和同步性。对于高速差分信号布线，需确保差分信号线的长度严格相等，保持信号的平衡性和一致性。此外，采用微带线或带状线技术，确保传输线特性阻抗在整个信号路径上保持连续，从而降低信号失真和提高信号传输效率。

4. 布线规则

在电路的 PCB 设计中，线宽和线距的设定是一个需要综合考虑电流容量、信号特性以及制造工艺能力的重要决策。合理的线宽线距不仅能够确保电路的电气安全，避免过热和短路的风险，同时也能够满足生产工艺的技术要求，保证电路板的可制造性。在非必要的情况下，相邻信号层的布线应遵循垂直或特定角度的布局原则，这种设计可以有效地减少由于平行走线而产生的电磁耦合效应。电磁耦合可能导致信号干扰，影响电路的性能和稳定性。通过采用这种布线策略，可以优化信号的传输质量，降低噪声干扰，提升电路的整体性能。

5. 机械结构兼容

在进行电子设备的 PCB 设计时，必须综合考虑元件的安装工艺、散热方案和整体结构的稳定性。这些因素对于确保焊接质量、器件的长期可靠性，以及维护的便捷性至关重要。设计时，应充分考虑到散热片或其他散热组件的固定方式，避免这些组件的安装对焊接点造成不必要的应力，从而影响焊接的牢固度和器件的工作稳定性。此外，合理的布局应为装配孔、定位孔以及测试点留出充足的空间，这些设计不仅有助于简化装配流程，提高生产效率，同时也为后续的测试和维护工作提供了便利。

综合考虑以上各方面因素，最终印制电路板设计为 6 层板，大小为直径 24 mm 的圆，其印制电路板版图和实物图如图 3-6 所示。

3.3.1.4 外壳设计与封装

在电子设备的封装设计过程中，测试外壳的设计需要依据被测元件的具体位置、安装方法、测试连接线的布局方案以及尺寸规格等多种因素进行综合考量。测试连接线的布局方案，其设计主要受测试设备安装位置的影响。

选定安装位置后，需综合评估测试引线路径对空气系统、滑油系统、转子平衡以及装配工艺等可能产生的影响。在设计测试引线方案时，应遵循以下原则：

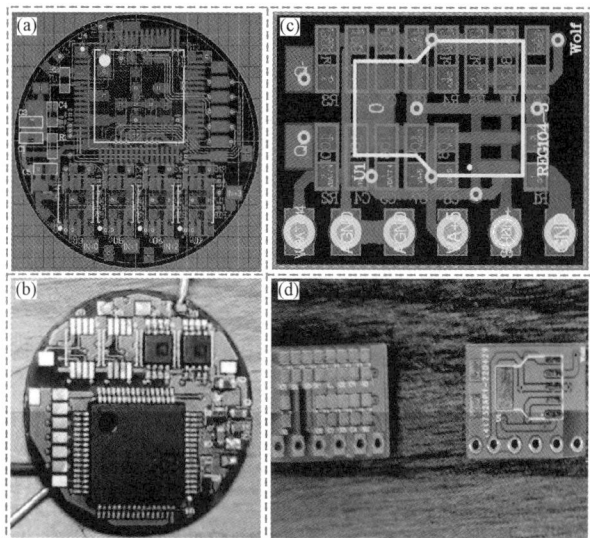

图 3-6　印制电路板版图设计：（a）～（b）存储式温度测试仪 PCB 图及实物对照图；
（c）～（d）触发板 PCB 图及实物对照图

（1）最小化干扰：确保测试连接线不会对被测系统造成额外的电磁干扰或信号衰减。

（2）优化路径：选择最短且最直接的路径，以减少信号传输延迟和提高信号的完整性。

（3）可靠性：确保测试连接线的布局能够抵御机械应力和环境因素，保证长期的稳定性和可靠性。

（4）兼容性：考虑到不同测试设备的需求，设计应具有足够的灵活性，以适应不同的测试场景。

（5）维护性：设计应便于后续测试连接线的更换和维护，减少维护成本和时间。

根据设计要求、安装位置的限制，以及轴承旋转套圈的结构特性的限制，在本研究中，温度测试仪的设计遵循了严格的尺寸和材料选择标准，以满足特定的安装空间和测量方式要求。该测试仪的最终设计参数为：总长度50 mm、主体直径34 mm、底部直径30 mm，底部导线入口直径3 mm。这些精确的尺寸规格确保了测试仪能够在有限的空间内进行有效的温度测量。材料方面，选择7075铝合金作为测试仪的主体材料，该材料以其高强度和良好的导热性能而著称。测试仪表面经过了阳极氧化处理，进一步提高耐腐蚀性和表面硬度。在测试仪的内部结构设计中，采用了特殊的防震和耐高温结构胶进行灌封，这一措施旨在保护内部元件免受震动和高温环境的影响，从而确保测试仪的长期稳定性和可靠性。测试仪的固定方式采用了法兰盘和连接器，这些组件与主轴端面紧密结合，确保了测试仪在运行过程中的稳定性。温度传感器与导线的连接通过测试仪主体底部的过孔引出，进而延伸至轴承内圈进行原位测试，这一设计允许对轴承在实际工作条件下的温度变化进行精确监测，相关设计图纸和实物图如图3-7所示。

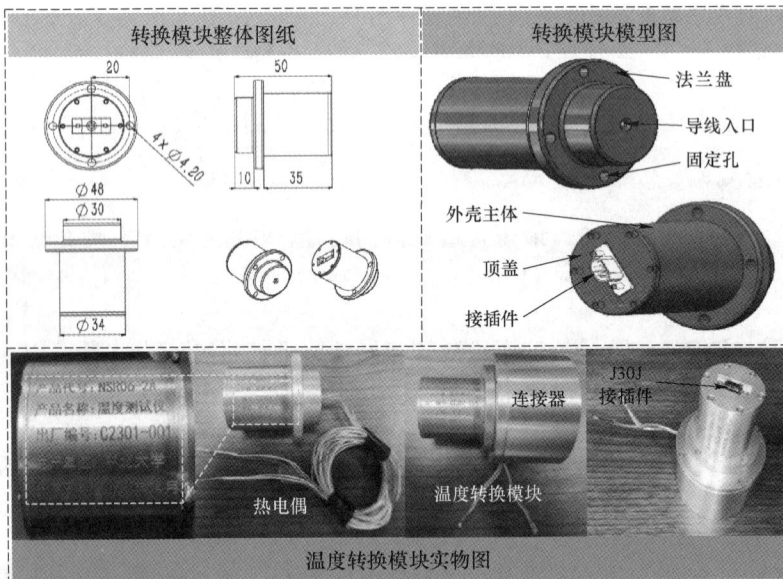

图 3-7 离线式温度转换模块设备外壳及实物图

3.3.2　在线式温度转换模块设计与制备

3.3.2.1　在线式温度转换模块总体设计

本研究提出的四通道在线式温度转换模块构建于 FPGA 微控制器的弱电信号控制架构之上，系统硬件功能模块的构成如图 3-8 所示。

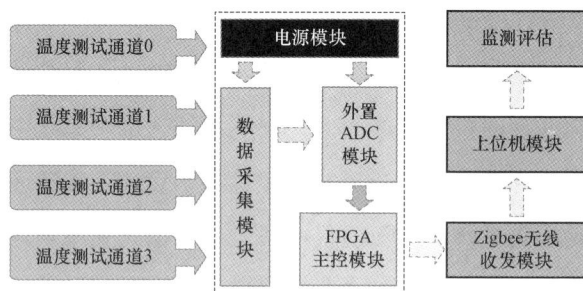

图 3-8　在线式温度转换模块总体框图

FPGA 主控模块在此系统中扮演着核心角色，负责执行程序的加载、存储以及向主控芯片提供精确的时钟信号，确保系统运行的同步性和稳定性。电源模块设计采用了额定电压为 7.4 V、容量为 3 000 mAh 的电池，为系统的各个组件提供稳定的工作电压。这一设计确保了系统在不同工作条件下的可靠性和连续运行能力。模数转换器（ADC）模块的功能是将热电偶传感器捕获的模拟信号转换为数字信号，并将这些信号有效地传输至 FPGA 主控芯片。此外，ADC 模块还负责将热电偶传感器冷端的温度数据转换为数字格式，并发送至 FPGA，为系统的精确测量提供了双重保障。数据传输方面，系统采用了 Zigbee 无线通信技术，通过无线收发模块将采集到的数据高效地上传至上位机。在上位机端，数据经过进一步的处理和分析，实现曲线拟合，为温度变化的监测和分析提供了直观的可视化结果。

3.3.2.2 转换模块电路设计

在线式温度转换模块电路主要由主控单元、电源电路、时钟电路、A/D转换电路、无线收发电路等组成，电路图设计如图3-9所示。

1. FPGA 主控单元

在本研究的系统设计中，精心挑选了 Xilinx 公司的 Spartan-6 LX 系列中的 XC6SLX16-2FTG256I 芯片，作为硬件控制核心。该芯片具备 186 个输入/输出（I/O）接口，采用 256 引脚的球栅阵列（LBGA）封装技术，这一设计显著提升了控制系统的接口扩展能力，满足了复杂电子系统中对丰富接口数量的需求。此外，该芯片的封装形式也经过精心设计，以适应紧凑的空间布局和高密度的集成需求，这对于现代电子设备小型化和模块化的设计趋势尤为重要。

2. 配置存储器电路

在本研究的系统设计中，采用了 JTAG（Joint Test Action Group）接口作为程序下载的方式。在 JTAG 模式下，程序数据通常暂存于 SRAM（Static Random Access Memory）中，这意味着一旦系统断电，存储在 SRAM 中的程序数据将丢失，导致每次上电后都需要重新下载程序。针对这一问题，本设计采取了创新性的解决方案：将经过分析和综合后的固件代码，永久存储在专用的配置芯片 W25Q128FVPI 中。W25Q128FVPI 是一款非易失性存储器，能够在断电后依然保持数据不丢失。通过这种方式，即使系统断电，配置芯片中存储的固件代码仍然得以保留。当系统重新上电时，设计中的自动加载机制将启动，将配置芯片中的固件代码自动装载到主控芯片 FPGA 中，从而实现程序的持续运行。这种设计不仅提高了系统的可靠性和便捷性，而且也减少了因频繁下载程序可能引起的操作复杂性和时间消耗。

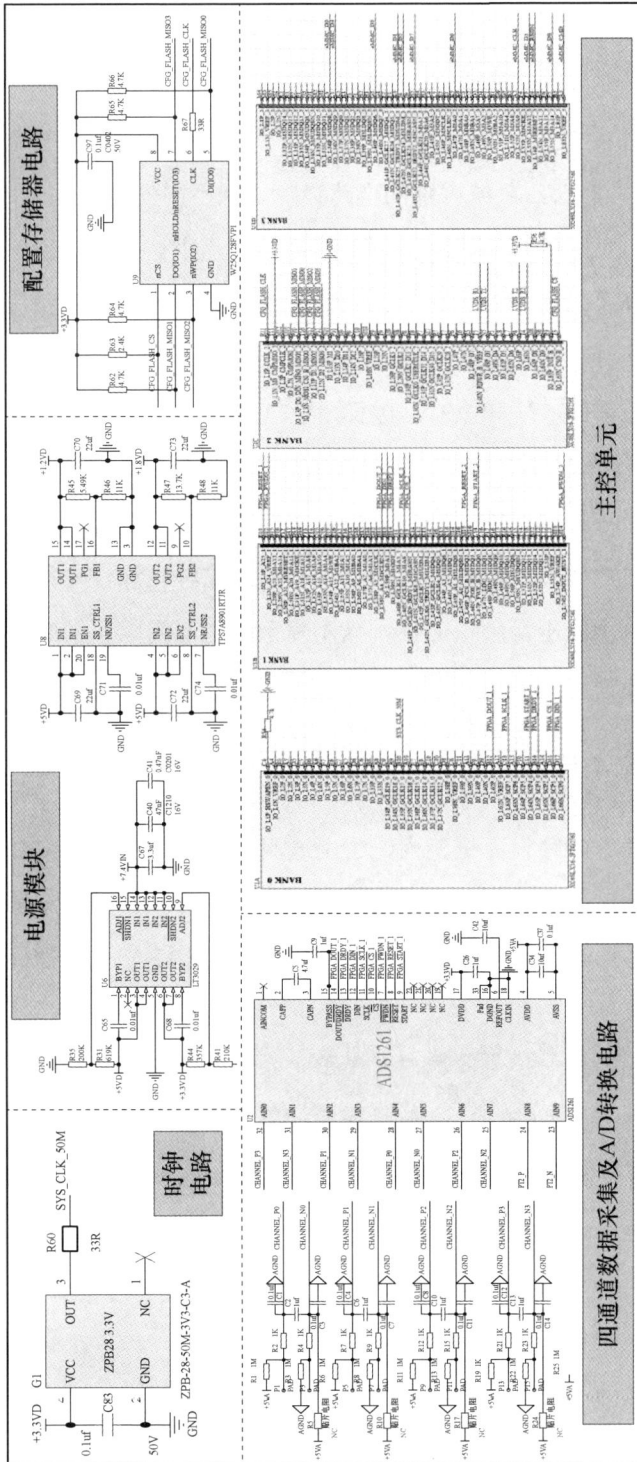

图 3-9　在线式温度转换模块电路图

3. 电源电路

在本研究的电力供应设计中，系统采用外部电池作为直流电源，提供 7.4 V 的电压。然而，系统内部的电路设计要求不同的电压水平，包括 5 V、3.3 V、1.2 V 和 1.8 V，以满足不同组件的运行需求。为了实现这一目标，本研究精心选择了 TPS7A8901RTJR 系列和 LT3029 系列的线性稳压器作为电源管理的核心元件。TPS7A8901RTJR 系列线性稳压器负责将输入的 7.4 V 电压转换为系统所需的 5 V 和 3.3 V 电压，而 LT3029 系列则用于将 5 V 电压进一步转换为 1.8 V 和 1.2 V，以供系统内部特定电路使用。这种电源设计策略不仅确保了系统内部电路能够在各自所需的电压水平下稳定运行，而且也体现了对电源转换效率和稳定性的高度重视。通过这种设计，本研究能够为系统提供可靠且精确的电源解决方案，满足复杂的电源需求，同时保证了系统的高效能和可靠性。

4. 时钟电路设计

在本研究的电路设计框架内，特别选用了 ZPB-28-50M-3 V3-C3-A 型号的有源晶振，以产生 50 MHz 的时钟信号，该信号对于确保系统同步操作至关重要。该晶振的设计允许通过其 VCC 引脚接收 3.3 V 的电压源供电，确保了其稳定运行所需的能量供给。进一步地，晶振产生的时钟信号通过 OUT 引脚被有效输出，这一信号的输出对于整个系统的时序控制和协调各个组件的同步工作发挥着核心作用。有源晶振的使用，不仅提供了高稳定性和高精度的时钟源，而且也简化了电路设计，因为它集成了振荡电路所需的所有元件，包括晶体、振荡电路和输出缓冲器。

5. A/D 转换电路

在本研究的高性能数据采集系统设计中，特别选择了 ADS1261 作为核心模拟前端（AFE）组件。ADS1261 以其卓越的精度和低功耗特性而受到青睐，这些特性对于确保数据采集的准确性和系统的能效至关重要。在本次设计中，ADS1261 被应用于热电偶传感器的冷端补偿测量，这一应用充分利用了其高精度和集成温度传感的优势。通过这种方式，系统能够实现更为精确的温度测量，同时保持了设计的简洁性和成本效益。

6. 无线收发模块

在本研究中，采用了德州仪器公司推出的 CC2530 芯片，这是一款专为 Zigbee、IEEE 802.15.4 以及其他低功耗无线网络应用而设计的高集成度无线微控制器。该芯片融合了高效的 8051 微控制器内核、2.4 GHz IEEE 802.15.4 兼容的射频收发器，并配备了包括 UART、SPI、I2C 在内的多种外设接口，以支持灵活的系统扩展和通信需求。此外，CC2530 还内嵌了 AES 安全协处理器，增强了数据传输的安全性，以适应不同的能耗管理策略。在本系统设计中，CC2530 模块被用于实现在线测试仪与上位机之间的无线数据传输功能。这种设计选择不仅提高了系统的通信效率，而且通过利用 CC2530 的低功耗特性，实现了系统的节能优化。这一点对于长时间运行的在线监测系统尤为重要，有助于降低能耗并提高系统的经济性和可持续性。其引脚定义及封装如图 3-10 所示。

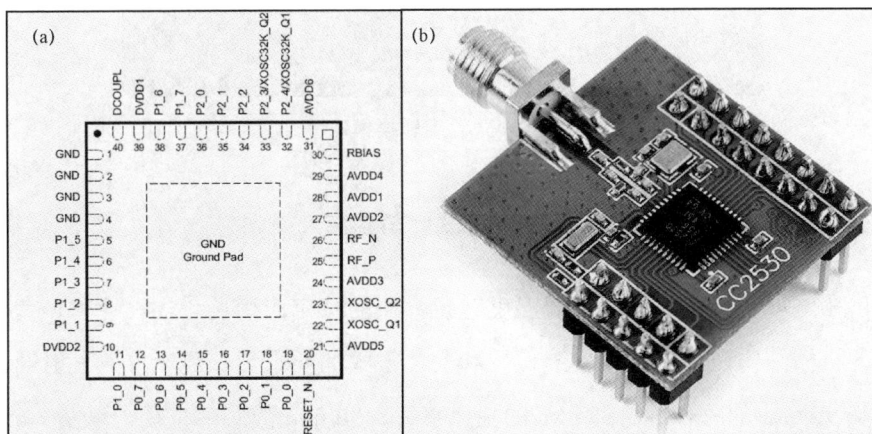

图 3-10　(a) 模块封装图；(b) 实物图

3.3.2.3　印制电路板布局设计

在本研究的电子设计过程中，采用了 Altium Designer 20 这一先进的电子设计自动化（EDA）软件，以完成电路原理图的设计和印制电路板（PCB）的布局工作。图 3-11 展示了本系统设计的 PCB 布局图，其中板子的尺寸被精确定义为 21.68 mm×33.11 mm，这一尺寸的设定旨在优化空间利用率并满足系统设计的具体要求。在 PCB 制板完成后，接下来的步骤是将预先选定的电子元件精确焊接至板卡上。此后，对各个功能模块进行细致的调试，这一过程对于确保系统内所有模块不仅能够正常工作，而且能够协同发挥预期功能至关重要。

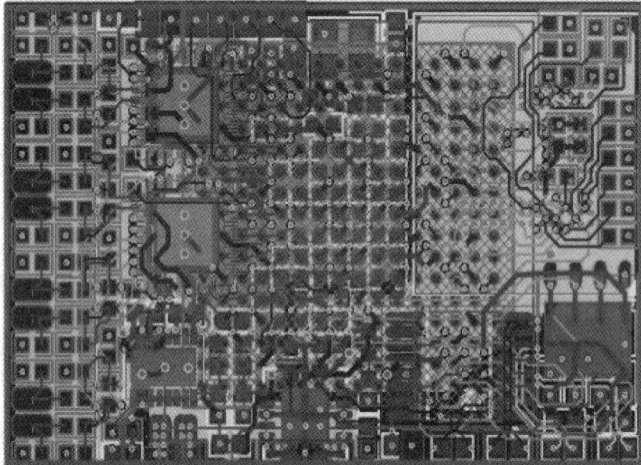

图 3-11　在线式温度转换模块 PCB 图

3.3.2.4　在线式温度转换模块外壳设计与封装

在本项研究中，针对在线温度转换模块的特定应用场景，设计了一套精密的机械结构，以适应其安装位置和安装方式的要求。该测试仪的发射端，以其 99 mm 的总长度、38 mm 的主体直径、30 mm 的底部直径，以及 3 mm 的底部导线入口直径和 48 mm 的法兰盘直径，展现了紧凑而高效的设计。

　　温度传感器通过发射端底部的导线入口，通过热电偶信号线与测试仪本体相连，实现了温度信号的有效采集。在材料的应用上，发射端主体采用了7075 铝合金，并经过阳极氧化处理，以提升其结构强度和耐腐蚀性能。而发射端的顶盖则选用了聚四氟乙烯材料，利用其卓越的耐化学性和非粘性，以适应可能的高温和腐蚀性环境。为了确保模块在恶劣环境下的稳定性和可靠性，内部的空隙采用了特殊的防震防高温结构胶进行灌封，这一措施有效保护了内部元件，防止了由于震动或高温可能引起的损害。其机械结构图、实物图和对照图如图 3-12 所示。

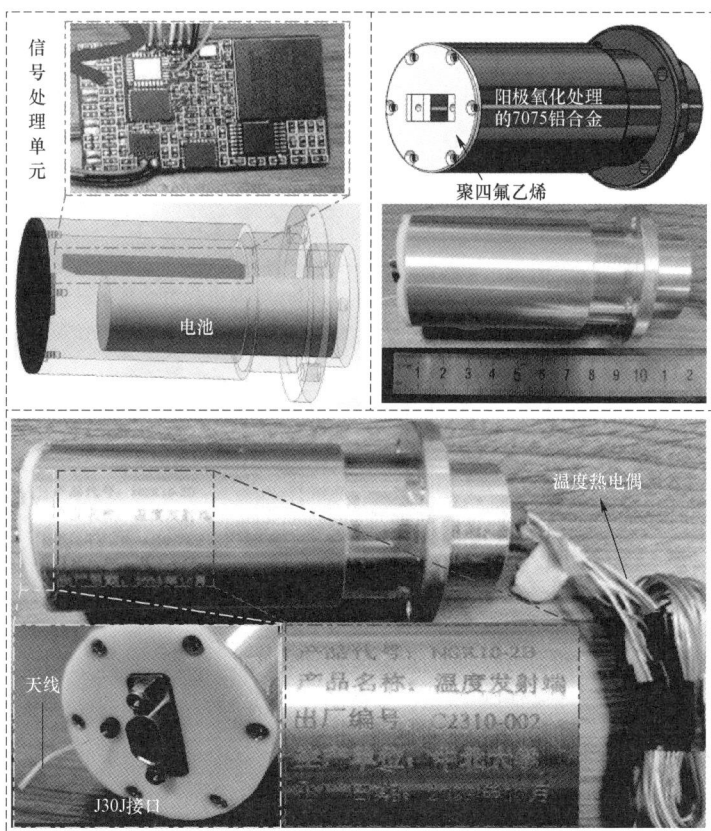

图 3-12　在线式温度转换模块机械图与实物对照图

3.3.3　无线供电式温度转换模块设计与制备

3.3.3.1　无线供电式温度转换模块总体设计

实际工程应用中，转换模块周围保护外壳繁多、拆卸流程复杂，每次充电需浪费较多测试时间，且拆卸过程中极易对转换模块造成破坏、无法实现长时间工况环境的持续性测试。基于此，展开无线供电式温度转换模块的设计研究，通过采用 T3168、WTC412 和 XKT335 三种组件构建的无线能量传输系统，实现了一种非接触式电力传输机制。利用 T3168 组件产生并输送无线能量，而 WTC412 组件则作为能量接收端，负责接收这些无线能量并将其转化为直流电源。随后，XKT335 组件对接收的电能进行稳压处理，确保输出的直流电压稳定，以供后续电子设备或电路使用，无线电传输原理图如图 3-13 所示。

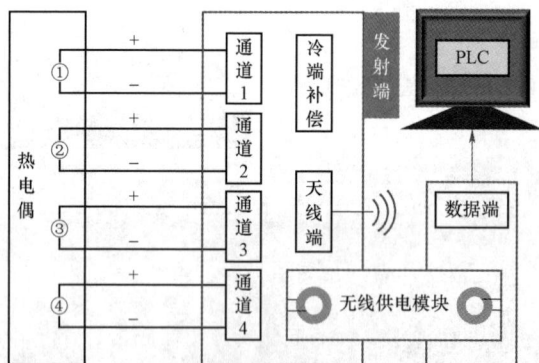

图 3-13　无线供电式温度转换模块原理图

3.3.3.2　无线供电及接收电路设计

转换模块的无线供电及接收电路主要由无线供电模块、无线供电接收模块以及无线供电稳压模块组成，其电路设计如图 3-14 所示。

1. 无线供电模块

XKT3168 是一款专门设计用于无线能量传输的发射端集成电路，它通常与相应的接收端集成电路（如 WTC412）协同工作。该集成电路能够产生高频电磁场，利用电磁感应原理实现能量的无线传输至接收端装置。XKT3168集成电路以其高能效转换率和低能耗特性备受电子开发者的青睐，适合应用于多种无线电能传输需求的场合，包括但不限于无线充电设备、移动设备以及物联网技术相关的设备。该集成电路的设计允许无线能量供应系统在无需物理连接的情况下，为电子设备提供持续稳定的电力供应，从而增强了设备的使用便利性和耐用性。

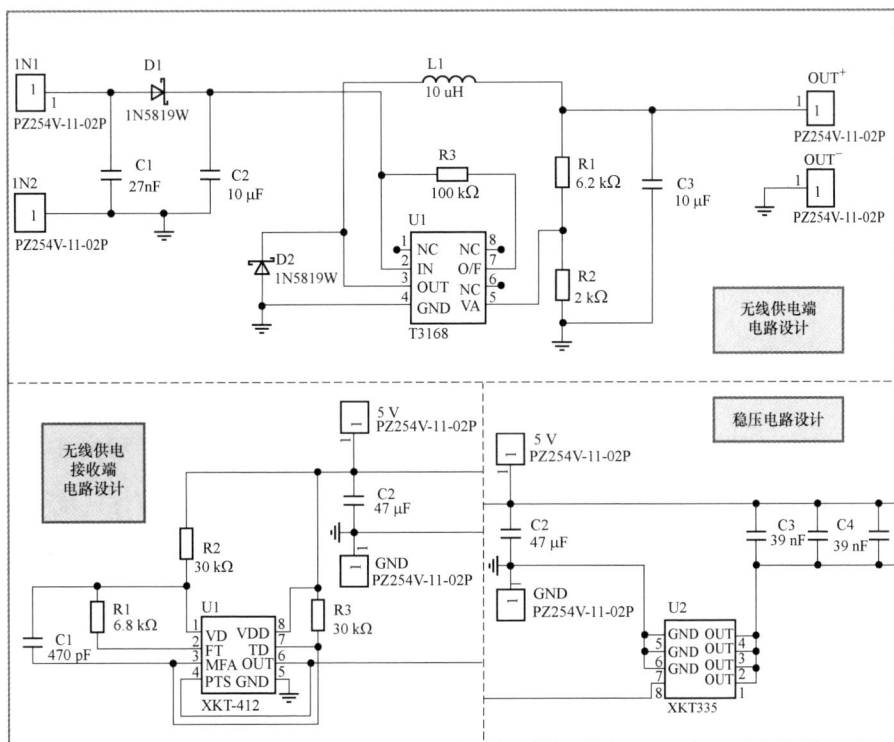

图 3-14　无线供电电路设计图

2. 无线供电接收模块

WTC412 是一款专门用于无线能量接收的集成电路，旨在从无线能量发射源（如 XKT3168）中捕获能量，并将其转换为直流电能。该集成电路采用电磁感应技术高效地接收无线能量，并且内部集成了整流和稳压机制，确保为后续电子电路提供连续且稳定的直流电压输出。WTC412 在多种无线能量供应需求的设备中得到广泛应用，包括无线充电设备、传感器网络以及便携式电子设备等。其高效率和稳定性的特点，为无线能量传输系统的设计与实施提供了便利。

3. 无线供电稳压模块

XKT335 是一款高效率的开关型电压调节器集成电路，广泛应用于无线能量传输系统的接收端。该集成电路的核心功能是对接收到的无线能量进行电压稳定化处理，以产生稳定的直流电压供后续电子电路或设备使用。XKT335 展现出优异的电压调节性能和低能耗特性，能够在输入电压波动的情况下，依然为设备提供稳定的电源。该集成电路在无线充电技术、便携式设备以及其他需要电压稳定输出的无线供电中得到了广泛应用，对于确保系统运行的高效率和供电的稳定性起到了关键作用。

3.3.3.3 电路布局及整体封装

无线供电系统的核心在于电磁能量的有效传输，而 PCB 布局和封装设计直接影响到系统的效率和可靠性。针对无线供电过程中电磁兼容性、能量传输效率等的综合性能分析，考虑到电磁干扰的最小化，以及对敏感电子元件的保护，设计采用多层 PCB 版图，减少各电路单元间相互干扰；考虑到能量传输效率，采用供电端和接收端正对的安装位置，并优化设计供电线圈外圈尺寸为 58 mm，接收线圈外圈尺寸为 36 mm，确保模块最大功率需求。在封装设计中，选用赛钢材料作为线圈端的封装材料，以确保电能的高传递效率和良好的机械稳定性，如图 3-15 所示。

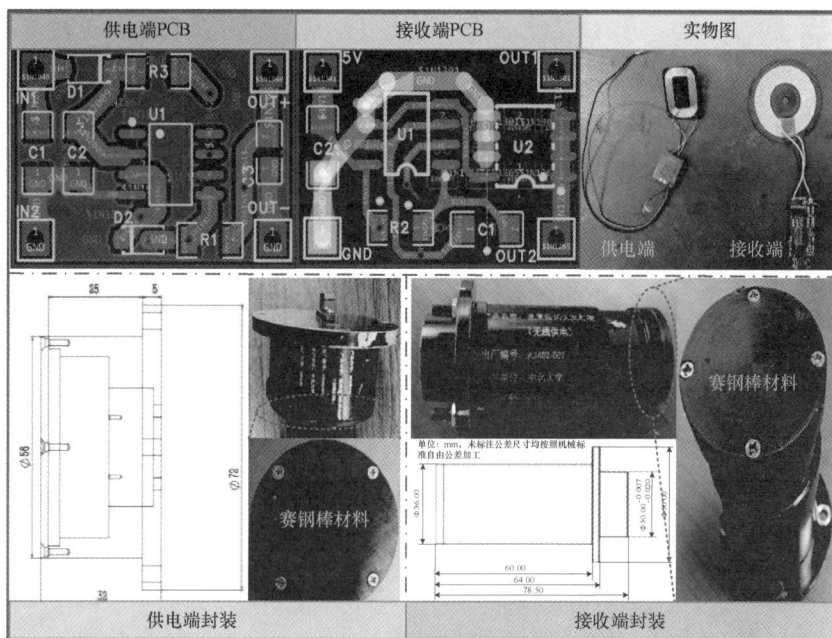

图 3-15　无线供电系统封装及实物图

3.4　高温轴承保持架转速传感器设计与制备

在本小节中，针对本研究提出的适应高温工况环境下的磁阻式转速探头展开结构设计、优化对比及制备。针对磁阻式传感器的磁芯、线圈、外壳等材料展开耐高温，以及电性能等的综合测试，并研究优化转速传感器构型，设计的保持架转速探头的电气连接（如图 3-16 所示）。

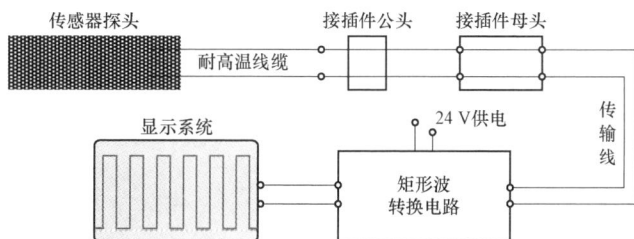

图 3-16　电气接线图

在高温环境下，转速传感器的耐高温功能成为了一项核心技术挑战。为了满足这些严苛的工作条件，传感器的支撑材料选取变得尤为关键，其中包括磁芯、线圈材料以及其他相关材料的精心挑选。此外，耐高温转速传感器的制备及封装技术也是一项复杂的工程，涉及保持架工装设计、结构件的制备以及整体封装，每一个环节都需要精确的结构设计、精细的加工和不断的工艺优化。下面详细探讨转速传感器耐高温功能/支撑材料选取的过程，以及耐高温转速探头制备及封装的各个环节。

3.4.1 耐高温功能/支撑材料选取

3.4.1.1 磁芯选取

根据磁化难易程度的不同，磁性材料可分为软磁材料和硬磁材料两大类。软磁材料相较于硬磁材料，其磁化过程较为简单，同时退磁也较为容易。软磁材料的主要应用领域包括导磁、电磁能量转换与传输等。另一方面，硬磁材料，亦称为永磁材料，一旦磁化后，其退磁难度较大，能够持久保持磁性状态。这类材料在汽车、家电、能源、机械、医疗、航空航天等多个行业中得到了广泛应用。鉴于此，在磁芯材料的选择上，优先考虑采用永磁材料。

在永磁材料的筛选过程中，见表 3-2，常见的永磁材料包括铝镍钴、钕铁硼和钐钴等，它们各自具备不同的磁性能特征。铝镍钴的最大磁能积相对较小，其信号输出不够显著。钕铁硼的居里温度较低，且在温度和化学稳定性方面表现不佳，同样不适宜于高温环境。鉴于磁芯需在高温环境中长期稳定工作，为减少温度对磁性能的影响并确保不发生退磁现象，宜选用具有高居里温度和耐高温特性的材料作为磁芯。

表 3-2　常见的永磁材料及其特性

永磁材料	铝镍钴	钕铁硼	钐钴
内禀矫顽力/kOe	0.38～1.53	11～40	15～21
最大磁能积/MGOe	1.2～11	11～40	22～32
剩磁强度/T	0.58～1.35	1.17～1.48	0.8～1.2
抗氧化性和耐腐蚀性	较好	差，易受外界干扰，需要电镀层	优，无需电镀层

为验证永磁材料的耐高温性能，本研究设计了如下实验：通过将永磁材料放置在马弗炉中测试温度。由室温开始，直至 300 ℃ 结束，温度间隔为 25 ℃，每次温度稳定后保持 5 min，保温后取出永磁材料，通过高斯计测量磁场强度，其测试结果如图 3-17 所示。测本研究列出了铝镍钴、钕铁硼和钐钴三种永磁材料的温度磁性曲线，可以看出随着温度升高，钕铁硼的磁场强度随温度升高逐渐下降，铝镍钴和钐钴永磁材料具有优秀的耐高温性能，但铝镍钴的磁场强度远小于钐钴，因此钐钴最适宜用于工作温度较高的领域。

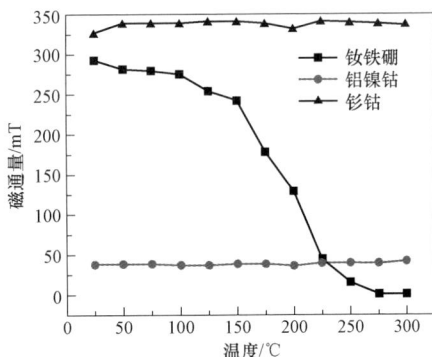

图 3-17　永磁材料的耐高温性能测试结果

在确保磁力强劲和信号输出清晰的前提下，钐钴永磁合金因其较高的剩磁和矫顽力，以及优良的耐高温和稳定性，成为理想的候选材料。综合考量以上因素，本研究选择钐钴磁铁作为传感器的磁芯材料。

3.4.1.2　线圈材料选取

在本研究中，对多种高温线材进行了详尽调查与实验测试，覆盖了成品高温线、高温裸线以及高温毛细套管等多种线材类型，不同线材在高温环境下测试和其他性能对比结果见表3-3。

表3-3　高温线材调研及其测试结果

高温线	① 绝缘包线	② 绝缘包线	③ 毛细热缩管	④ 碳纤维织管	⑤ 高温漆包铜线
外径	0.48 mm	0.48 mm	0.5 mm	0.3 mm	0.06 mm
耐温	250 ℃	250 ℃	220 ℃	400 ℃	250 ℃
测试结果	能够耐温350 ℃，但外径较大，输出信导不明显	外径较粗，坚硬，温度超300 ℃绝缘层出现回缩开裂	用力拉伸后外径低于0.3 mm，加热后迅速回缩	耐温性好，但受到高温作用时，编织管口松散开裂	附温性能好，输出信号明显，外径小，方便绕制，在超过350 ℃条件下仍能完成测试

根据测试及对比结果可以看出，采用① 号有机绝缘材料包覆的线材，其绝缘层厚度为 0.15 mm，在 320 ℃的传感器内部环境中展现了良好的稳定性，未出现任何异常。不过，这种线材的直径较大，对于提升测试信号强度而言并不理想。同时，本研究考察了② 号高温硬包线，其直径同样为 0.48 mm，其中绝缘层厚度 0.1 mm，线材本身较为坚硬，且在温度超过 300 ℃时出现了收缩现象。本研究尝试了将铜线外包一层③ 号毛细热缩管，显示出能够耐受超过 220 ℃高温的能力。然而，经过拉伸处理，线径降至 0.3 mm 以下，并且在加热后迅速恢复，这一过程导致了铜线的暴露。另一方面，④ 号碳纤维编织管虽然具备较高的耐温性，但在高温下编织结构易于松散。经过对各项性能指标的全面考量，本研究最终选择了⑤ 号漆包线作为线圈材料。漆包线以其低电阻率和高强度的特性脱颖而出，使用细线可以增加线圈的匝数，有效

提升传感器的灵敏度。此外，漆包线的柔韧性极佳，便于绕制成型，使其成为传感器线圈的理想选择。通过这样的选择，本研究确保了线圈材料在高温环境下的稳定性和传感器的整体性能。

目前国内常见的漆包线种类包括以下几种。

（1）缩醛漆包线：此类漆包线的热等级分为 105 和 120 两个级别，具有良好的耐热性和耐寒性，适用于冷冻设备和一些特殊环境。

（2）聚酯及改性聚酯的漆包线：普通聚酯漆包线的热等级为 130 级，而经过改性的聚酯漆包线，其热等级可以提升至 155 级。这种漆包线具有良好的耐热性和化学稳定性，通常用于家用电器和一般工业设备。

（3）聚氨酯漆包线：该类漆包线的热等级分为 130、155 和 180 三个级别。这种漆包线具有良好的柔韧性和附着性，适用于小型电机和精密仪器。

（4）聚酯亚胺漆包线：其热等级为 180 级。聚酯亚胺漆包线因其优异的性能，在需要耐高温、耐化学腐蚀和高可靠性的应用场景中是一种理想的选择。然而，它的成本较高，因此在选择时需要根据具体的应用需求和成本预算来权衡。

（5）聚酰亚胺漆包线：常规的聚酰亚胺漆包线热等级为 200 级，而经过改性的产品，热等级可进一步提高至 260 级。这种漆包线具有优异的耐热性和耐磨性，具有极高的耐热性和耐化学性，适用于高温环境，如汽车发动机和航空航天设备。

在本研究中，针对转速传感器在发动机附近高温环境下的工作特性，对漆包线的温度耐受性提出了较高要求。同时，鉴于漆包线绕制区域的限制，线径较大的漆包线会导致绕制的线圈匝数减少。为了增加线圈的匝数，本研究倾向于选择线径较小的漆包线。基于以上考虑，本课题选用了线径极细的漆包线进行绕制。最终确定使用的漆包线为 QY-1/260 型，线径为 0.06 mm 的芳族聚酰亚胺漆包铜圆线，作为线圈的制作材料。该材料能够在高达 350 ℃的环境中保持正常工作。此外，其漆膜厚度不小于 0.006 mm，有效防止了导通现象的发生。在用 0.15 mm 圆棒进行卷绕时，漆膜亦展现出良好的抗裂性能。

3.4.1.3　其他材料选取

除了以上结构选材外，不同的部件还需要根据其功能和所处的环境条件，选择合适的材料。下面是对铁芯、传感器外壳、密封胶和引出线材料选择的分析和确定过程。

1. 铁芯

在铁芯材料的筛选过程中，应当优先考虑软磁材料。软磁材料通常具备的特性包括较高的磁导率和较低的矫顽力。但是这类材料易于磁化和退磁，因此，理想的软磁材料应具备以下特点：高的磁导系数（μ）、高的饱和磁感应强度、低的剩磁和矫顽磁力、高电阻率、低损耗、稳定的磁性能、热膨胀系数小、良好的加工性能，以及较低的成本。软磁材料在众多领域中应用广泛，且种类繁多。常见的软磁材料包括工业纯铁、中低碳钢、铁硅合金、铁铝合金、镍铁合金以及软磁铁氧体等。此外，非晶态、纳米晶和超微晶材料也是制备软磁材料的选项。在铁芯材料的选择过程中，需要综合考虑多个因素，包括减少磁路中的磁阻、提高关键部位的磁通密度，以及材料的经济性和加工性。45钢因其相对低廉的价格、易于采购和良好的机械加工性能，被选为本研究的铁芯材料。

2. 传感器外壳

在挑选传感器外壳材料的过程中，鉴于产品需在发动机附近高温环境下运行，材料的选择需着重考虑其耐高温性能和高温下的尺寸稳定性。此外，所选材料应具有良好的导磁特性，以便作为保护外壳的同时，实现磁屏蔽。在特定的高性能要求下，也可采用导电材料来构建静电屏蔽层，以降低外部电磁场的干扰。综合考虑材料的成本效益和机械加工特性，本研究最终确定采用不锈钢作为传感器外壳的制作材料。

3. 密封胶

在传感器的前端，邻近发动机的区域，由于所处环境温度较高，因此采用耐高温的液态密封胶来填充线圈与外壳内壁之间的空隙。该液态密封胶能够耐受高达 350 ℃的温度，受热后转化为固态弹性体，从而实现固定和隔热的效果。至于铁芯的后端，由于相较于前端温度较低，对温度的耐受性要求不高，因此选用环氧树脂来灌封传感器的内部结构，以稳固线圈、磁芯和铁芯。在灌封过程中，需注意避免气泡的产生，以免影响传感器的使用寿命。灌封作业完成后，还需进行加热固化处理。

4. 引出线

在研究初期，对线圈材料进行调研时，发现有机绝缘包线具有良好的柔韧性和较高的机械强度，相较于漆包线更为坚固。因此，决定采用有机绝缘包线作为引出线，用于连接线圈与高频电缆。在焊接过程中，需对漆包线表面的氧化层进行打磨处理，并在处理后套上热缩管以保护线路。

3.4.2　耐高温转速传感器制备及封装

3.4.2.1　耐高温保持架转速传感器整体设计

转速探头的整体设计思路遵循耐高温、小尺寸、易安装等原则，其中在高温性能方面，除了在选材方面选用耐高温性能优异的基础材料，同时综合考虑材料柔韧性、可加工性、胶体粘性、热膨胀性能等，合理布置各结构材料及安装位置。在尺寸方面，为适应高温受限空间内信号的测量需求，探头直径应尽可能缩小，因此设计的探头内芯与外壳间放弃采用传统的螺纹连接方式，而采用内外紧配合后激光焊接，在探头外径受限情况下最大程度上拓宽线圈直径，提高传感器的微小信号测试性能，转速传感器的整体设计如

图 3-18 所示。

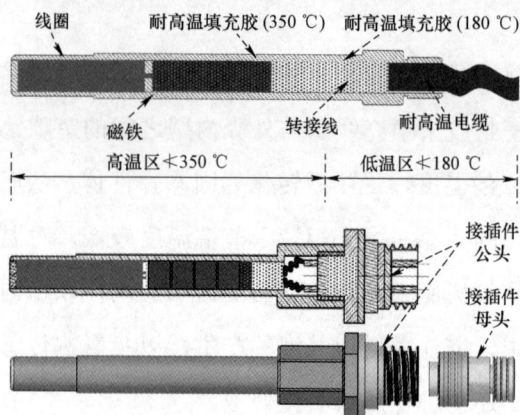

图 3-18　耐高温转速传感器的结构设计

本研究设计的耐高温转速传感器主要由内芯体、线圈、磁芯、耐高温填充胶、不锈钢外壳、线缆、接插件等组成。其中，内芯体、线圈及磁芯组成的磁阻敏感单元可实现轴承保持架转速信号的获取，且由于转速探头前端需完全深入轴承机架内部靠近保持架位置，该位置处于高温润滑油溅射及热辐射区域，温度超过 220 ℃，甚至达到 350 ℃，因此在前端填充耐 350 ℃的低粘性填充胶。而传感器后端伸出机架外，温度降低，同时传感器后端耐高温电缆线需绝对固定，因此在后端完成线圈与后端线缆的连接，并填充高粘度的耐高温胶（180 ℃），实现后端耐高温线缆的紧固装配。在后期实际装配测试过程中，带线缆式的转速探头在通过螺纹与机架装配时，极易出现线缆在集中应力作用下与填充胶脱落造成引线断裂。基于此，在后期设计了一种接插件分体式转速探头，在测试时探头与线缆分阶段安装，提高转速探头多次拆卸下的使用寿命。

3.4.2.2　转速传感器结构件制备及整体封装

耐高温转速探头的主体结构为 45 钢内芯体和 304 不锈钢外壳，内芯体及外壳的机加工图纸及实物如图 3-19 和图 3-20 所示。

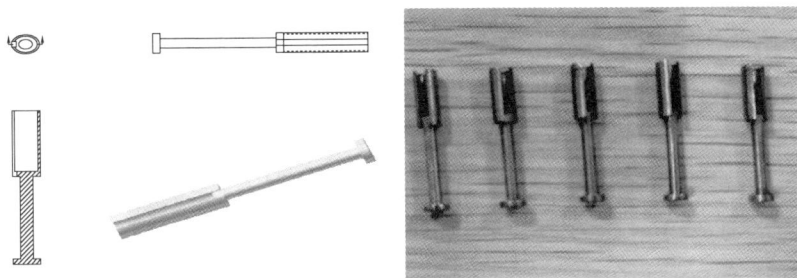

图 3-19　内芯体设计图及制备实物

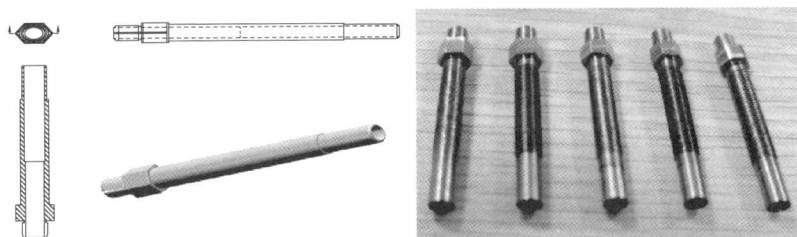

图 3-20　外壳设计图及制备实物

完成内芯体机加工后，在内芯体后端安装钐钴磁芯，并将组合体夹持在绕线机操作台，在内芯体前端点涂耐高温胶，设置绕线机转速为 60 r/min，使胶体均匀地涂敷在芯体前端，2 h 后胶体完成固化，如图 3-21 所示。耐高温胶体可为后续线圈与 45 钢内芯体间一层耐高温耐磨的柔性薄膜层，防止线圈脱漆与内芯体间发生短路，提高转速传感器成品率和使用寿命。

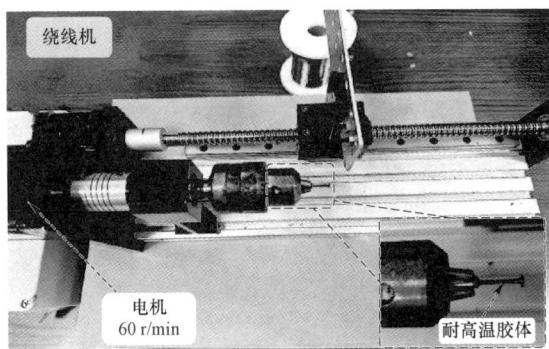

图 3-21　耐高温胶体固化

利用小型电动绕线平台，连接 QY-1/260 耐高温线，在 73 r/min 转速下完成内芯体与线圈间的配合，电动绕线平台及绕线完成的内芯体如图 3-22 所示。

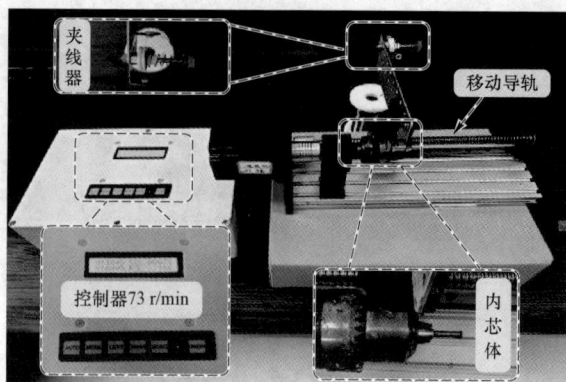

图 3-22　电动绕线平台与内芯体

绕线完后将线头进行脱漆，将脱漆粉加热至 260 ℃融化，再将线头放入其中 5 s，完成脱漆，再将耐高温转接线与线圈线头连接。将内芯体线圈外围和外壳前端涂敷耐高温填充胶，并将内芯体从前端穿入外壳内部直至端面齐平，静置 10 h 完成固化，固化后的结构如图 3-23 所示。

完成前端芯体与外壳的固定后，将耐高温电缆或接插件焊点与转接线连接，并在后端填充高粘性耐高温填充胶，实现线缆及接插件与外壳间的固定，制备完成的耐高温转速传感器如图 3-24 所示。

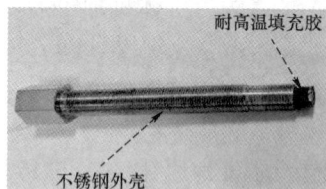

图 3-23　外壳与内芯体组合体

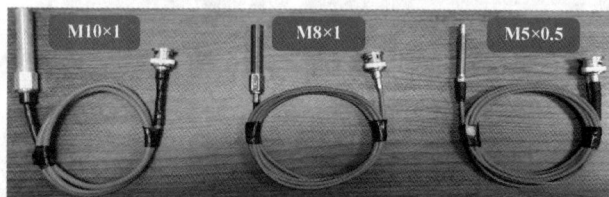

电缆式转速传感器

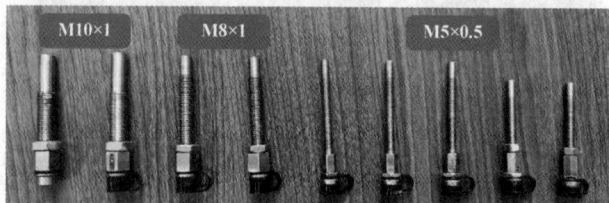

接插件式转速传感器

图 3-24　耐高温转速传感器

94

3.4.3 信号转换电路设计

本电路目标是精确调理和放大传感器输出的信号，以确保信号能被后续系统稳定且精确地处理。首先，电路接入 24 V 直流电源，并通过 LT8610A 同步降压转换器将其降至 5 V。为了进一步提高电源的稳定性，电路采用 LT1764A 低压差稳压器来提供精确且低噪声的 5 V 输出。接着，传感器的差分信号输入到 LTC1992 差分放大器进行差分放大，该放大器具有高精度和低噪声特性，能够有效提高信号幅度并抑制共模噪声。通过这些模块的精心设计，电路能够有效处理并放大传感器信号，为后续系统提供稳定、准确的信号输入。

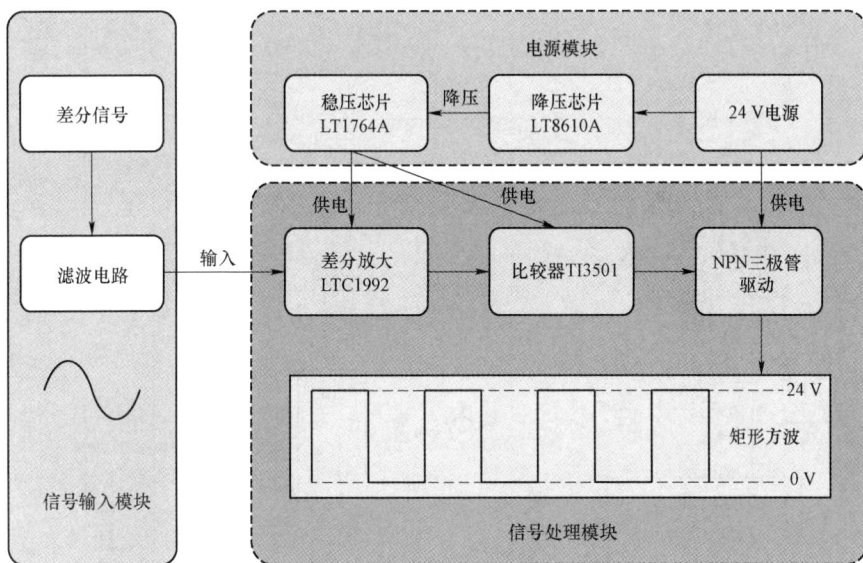

图 3-25 矩形波转换电路设计框图

本研究设计的矩形波转换模块电路主要针对设计的变磁阻式转速探头的输出信号转换，主要通过 LT8610A 降压模块、LT1764A 稳压模块、LTC1992 放大模块以及 TLV3501 比较模块将探头获取的转速信号转换为 0/24 V 周期性矩形波信号输出，电路设计如图 3-26 所示。

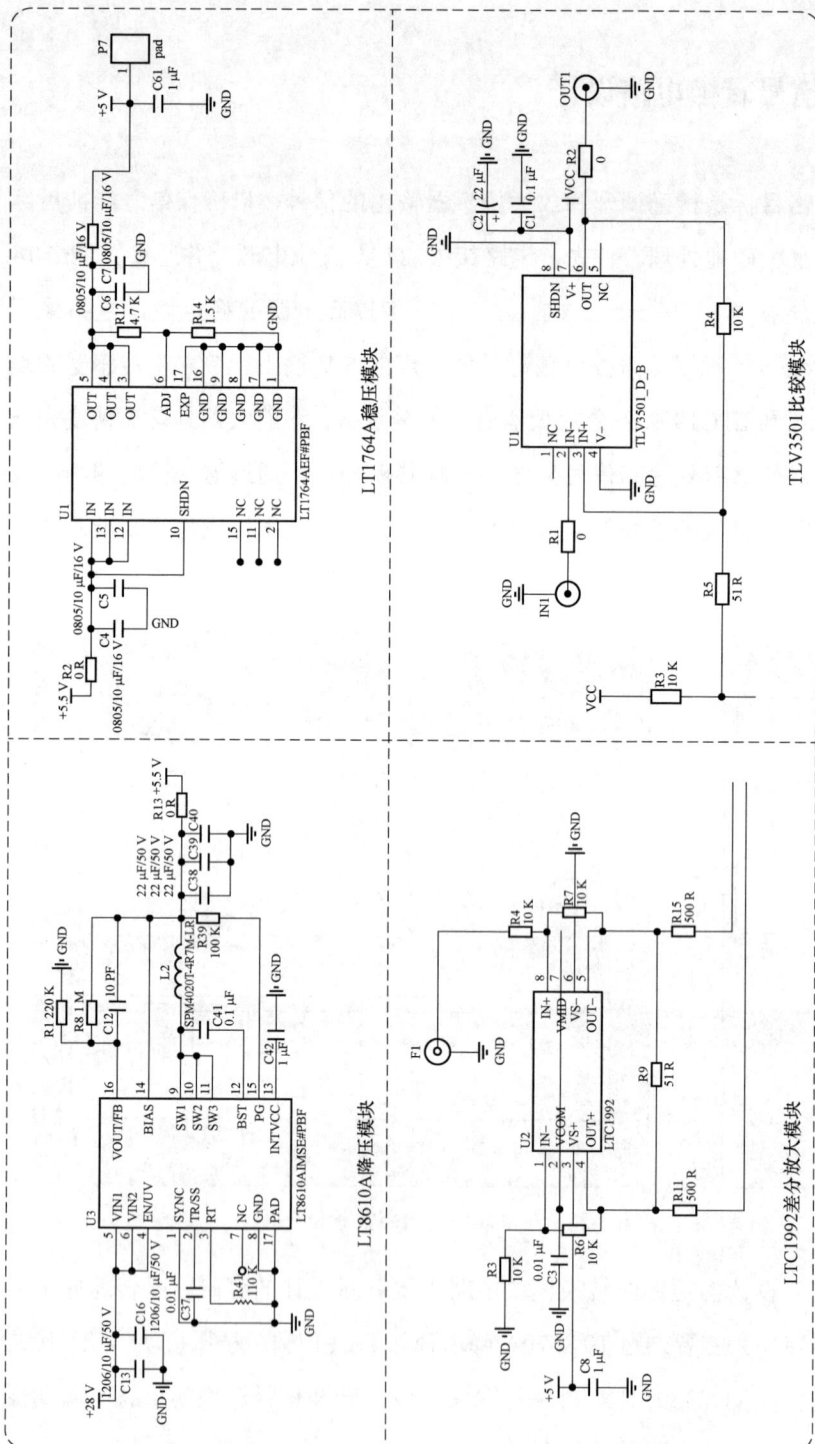

图 3-26 矩形波转换电路图

LT8610A 是一款高效的同步降压转换器，能够将输入电压范围从 5.5 V 扩展到 42 V，输出电流最高可达 3.5 A。该芯片具有超低的静态电流和高达 2 MHz 的开关频率，使其非常适合在需要高效率和紧凑尺寸的应用中使用。 LT8610A 的设计特点包括快速瞬态响应、低噪声性能，以及内置的电源良好指示功能，确保电路在宽输入电压范围内始终保持稳定的输出，非常适合用于汽车电子、电池供电系统以及其他高压应用环境。

LT1764A 是一款低压差（LDO）稳压器，专为需要高电流输出和低噪声特性的应用设计。它能够提供高达 3 A 的输出电流，同时保持极低的压差，这使其在电源噪声敏感的高精度电路中非常适用。LT1764A 还具有出色的线性度和温度稳定性，确保在宽范围的负载条件下输出电压始终精确稳定。

LTC1992 是一款高精度、低噪声的差分放大器，专为对微弱信号进行差分放大而设计。它具有高输入阻抗和可调增益功能，能够有效放大传感器等信号源的微弱差分信号，同时抑制共模噪声，从而提高信噪比。 LTC1992 提供出色的线性度和增益稳定性，即使在极低的信号电平下也能保持高精度的信号处理性能。由于其宽广的工作电压范围和低功耗特性，它广泛应用于精密测量仪器、数据采集系统和其他需要高精度信号处理的场合。

TLV3501 是一款高速、低延迟的比较器，具有 4.5 ns 的超快响应时间、轨到轨输入输出和低功耗（静态电流 3.2 mA），支持 2.7 V 至 5.5 V 的单电源供电。它适用于高速数据采集、脉冲信号检测、通信系统以及精密测量设备等需要快速响应和高精度的应用场景。

该电路的 PCB 设计经过精心优化，以确保每个模块的性能发挥最大化。 PCB 布局合理，充分考虑了信号完整性和电源稳定性，减少了寄生电容和电感的影响，从而保证了信号传输的低噪声和高精度。电源和地平面设计经过特别优化，确保了 LT8610A 和 LT1764A 的降压和稳压性能，使得电路能提供干净且稳定的 5 V 电源。差分信号路径短而直，LTC1992-2 和 LT1007CS

的放大性能得以充分发挥，确保了高信噪比和精确度。整体 PCB 设计不仅支持高效的信号调理和放大，同时还具备良好的散热性能和电磁兼容性，确保系统在各种环境下稳定运行。此外利用 Soildworks 软件设计了电路外壳保护结构，并以高强度铝合金为材料通过数控机加工方式完成制备，电路 PCB 板、电路板及封装完成的整体结构如图 3-27 所示。

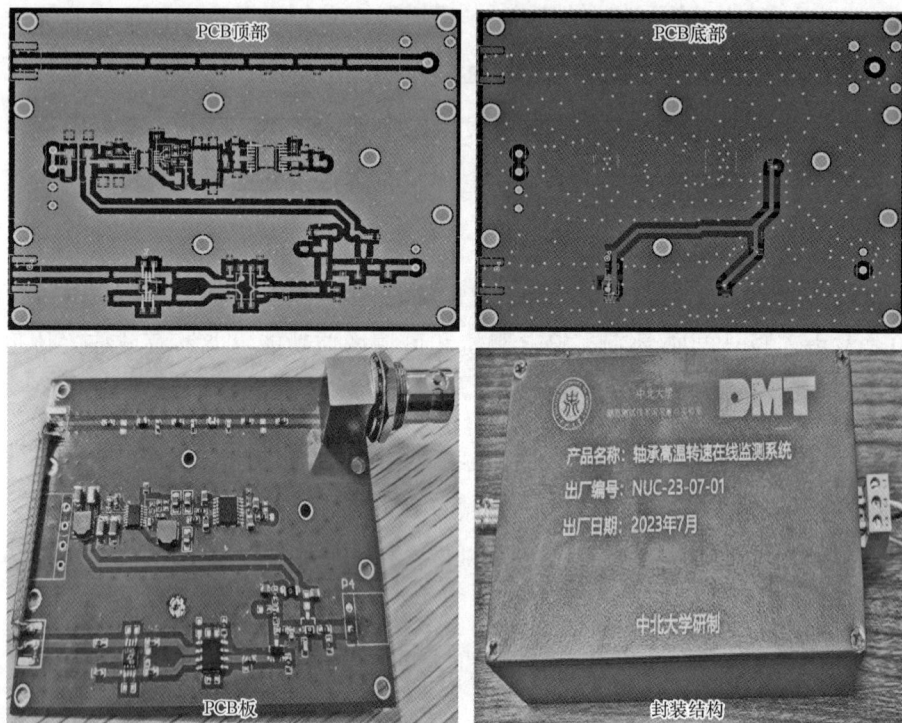

图 3-27　矩形波转换电路 PCB 板设计及整体封装结构

3.5　本章小结

在本章中，分析了高温工况环境中高旋转状态下轴承内圈温度信号无线传输及保持架转速非接触测量理论模型，针对传感器在轴承试验器上热电偶连接、引线布局固定为基础展开研究，先后设计了离线式、在线式、无线供电式温度转换模块电路，并设计外壳封装，完成轴承端面转换模块的原位耐旋转集成及耐高温保护。同时，分析轴承保持架滚子间隙的周期性测量理论模型，优选钐钴磁芯-芳族聚酰亚胺漆包铜线，设计并制备了小尺寸、耐高温的封装外壳结构，最终完成耐高温非接触式保持架转速传感器与转换电路的制备。

第4章 温/压/速传感测试系统及联合平台的设计与搭建

4.1 概　述

传感信号在超高温高转速环境中易受燃烧脉动、气道压力突变等扰动影响而造成耦合失真，原位集成在关键测试部件处的微小型化和集成化敏感芯片采集到的信号信噪比低、信号强度弱、抗干扰能力差，因硬件加工精度造成的结构误差也会影响测试精度，导致传感数据难以直接为发动机下一步操作行为判断依据。基于此，本章在研究敏感芯体与转换电路的基础上，通过硬件采集电路与上位机软件设计，搭建了耐高温高精度压力测试系统及旋转轴承温度/转速参数实时在线测试系统。通过设计高质量降噪滤波、信号精密放大、串扰解算及解调修正、模数转换等处理提高传感信号信噪比，有效抑制杂散噪声，经模数转换将信号传输至上位机后设计二次动态补偿算法提高测试信号精度，从而对提升高温工况环境下核心装备控制水平具有重要的应用价值。此外，自主搭建了温度-压力、温度-转速等多个复合环境测试平台，为后期系统测试奠定基础。

4.2　耐高温高精度压力测试系统设计与搭建

针对高温环境中原位高精度压力测试需求，基于第 2 章中对耐高温压力敏感芯片、C-V 转换电路及耐高温热保护性封装外壳的研究基础，在本小节中设计了一种适用于高温工况环境下的耐高温高精度压力测试系统，该测试系统可实现 23～400 ℃温度、0～500 kPa 压力范围内温度及压力信号的复合测试，并将所测得温度数据对差动电容式压力敏感芯片硬件补偿后的剩余温度漂移误差进行软件计算补偿，提高压力测试精度。

4.2.1　测试系统的组成

耐高温高精度压力测试系统由工作在高温区的耐高温压力敏感芯片与温度补偿模块、工作在临界温区的转换电路、工作在常温区的信号采集处理器以及上位机组成，如图 4-1 所示。其中，压力敏感芯片为自带温度补偿功能的差动电容式压力敏感芯片，同时压敏芯片端原位集成高灵敏度、小滞后的

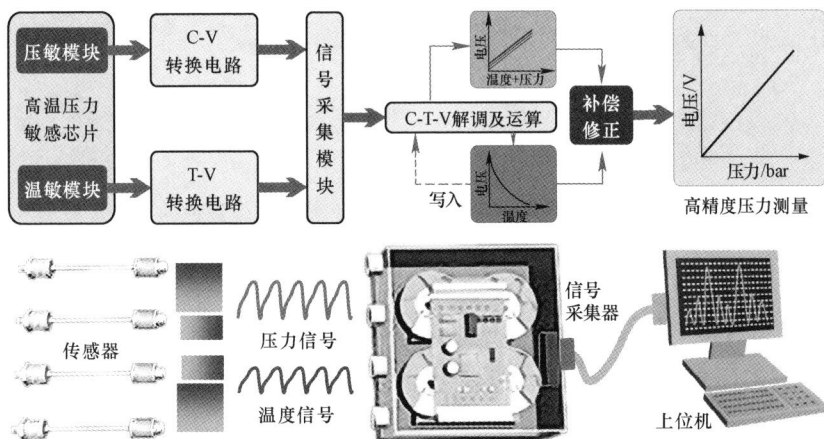

图 4-1　温-压复合测试系统的组成

温度传感器，在实现高温环境原位压力探测的同时实现压敏芯片端实时温度监控，复合信号经转换电路、信号采集处理器后传输至上位机软件，上位机内的温度补偿算法对压力信号进行二次软件补偿运算，并最终将高精度压力及温度测试数据在上位机软件界面实现实时显示。

4.2.2　信号采集处理器

信号采集处理器集成了八通道差分压力及温度信号的采集、转换以及通信功能，其中压力测试四通道、温度测试四通道，信号采集处理器的原理图如图 4-2 所示。采集处理器可实现多量程电压、电流信号的差分输入，抑制共模干扰。且输入输出与通信端均采用光电隔离技术提高了采集器的抗噪声干扰能力。电压、电流信号输入信号采集处理器后，经滤波、放大以及模数转换后通过 RS485 接口将数字信号传输至上位机实现数据显示。

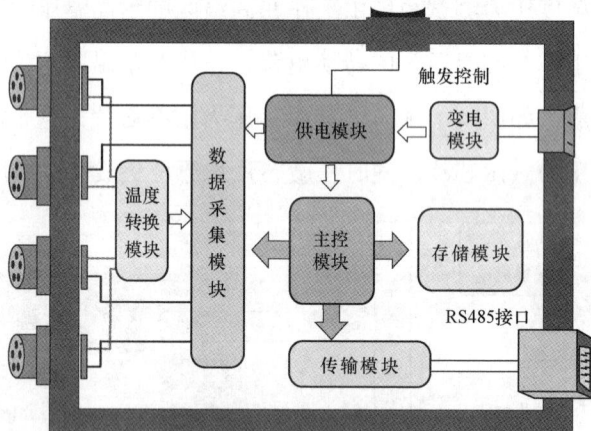

图 4-2　信号采集处理器工作原理示意图

8 通道数据采集电路包括二阶低通滤波、18 位 A/D 转换等模块，可同时满足 4 个不同量程的温-压复合传感器的实时同步数据采集（同一个传感器占用两通道，一通道采集电压表征的压力信号，二通道采集电流表征的温度信号）。在结构装配方面，信号采集器整体分为三部分，自上而下分别为顶盖、上层采集电路保护壳、下层电源保护壳，通过四角的螺栓固定，采集处理器外壳设计如图 4-3 所示。

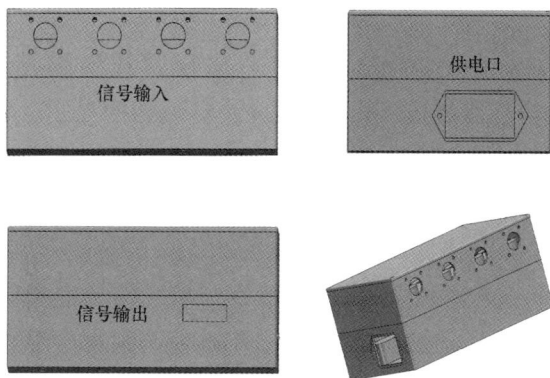

图 4-3　信号采集处理器结构图

信号采集处理器以 AD7608 作为采集处理器的 A/D 转换模块，其采样频率达到 200 kSPS。此外，选用 CY7C68013 作为控制器用来控制 A/D 采集。电压、电流表征的压力、温度信号输入采集器后，先经二阶低通滤波器对高频噪声信号进行消除，再经 A/D 转换为数字信号后在 CY7C68013 的控制下经 RS485 端口传输至上位机进行下一步处理及显示，信号采集处理器封装实物如图 4-4 所示。

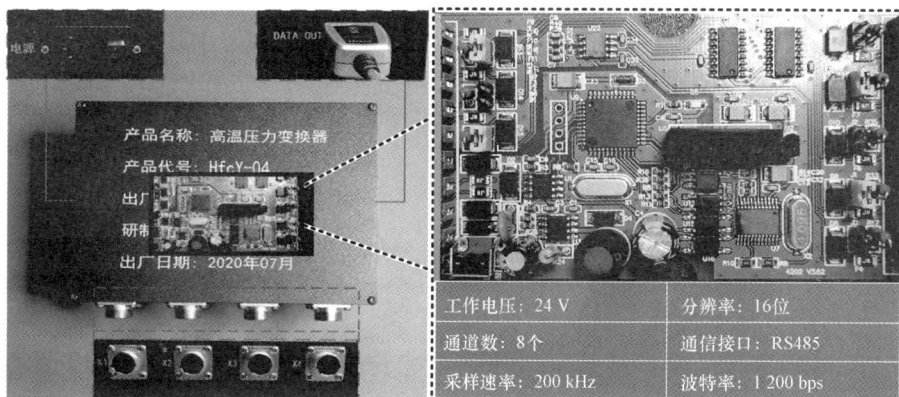

图 4-4　信号采集处理器封装实物图

103

4.2.3　上位机温度补偿运算及软件显示

测试系统的温度补偿运算及界面显示由 LabVIEW 软件编写，其核心功能包括实时接收传感器信号、压力和温度波形数据的显示、压力测量值的温度漂移补偿和测试数据的存储。LabVIEW 是由 National Instruments 公司开发的一种基于图形化编程语言的数据采集与仪器控制软件，其编程环境与 Fortran 和 Pascal 类似。与 Python、Java 等传统编程语言不同，LabVIEW 采用图形化编程方式，通常被称为"G"语言，其程序以程序框图的形式展现。LabVIEW 的优势在于开发难度较低、扩展性强，控件直观易用，显著提高了用户自主开发各类工程系统的能力，因此广泛应用于工业自动化控制与监测系统。LabVIEW 内置了庞大的函数库，其中，前面板用于放置图形化控件以创建用户界面，而后面板则用于编辑程序框图，形成程序的逻辑结构。

数据采集之前，需对采集通道进行基础配置，如确定通道类型、设置采样频率等。此外，在采集数据之前，还需对本研究中所使用的传感器的灵敏度和输出电压进行校准。基于 LabVIEW 的数据采集程序框图如图 4-5 示，要由数据采集模块、运算及显示模块、文件存储模块等组成。其中数据采集模块对采集卡捕获的电压信号通过 VISA 函数传入 while 循环中，设定的波特率为 9 600，数据位宽为 8。顺序结构中依次执行了缓存区设定、延迟、写入命令及二次延迟操作。按下停止按钮时 while 循环结束，监测系统停止。在运算及显示模块将采集到的多通道数据进行解包，并通过拟合函数输入等完成测试压力的温度漂移补偿，以提升压力传感器的测量精度。同时根据校准测试结果编写电压-压力转换函数，并在前面板实现数据及图像显示。

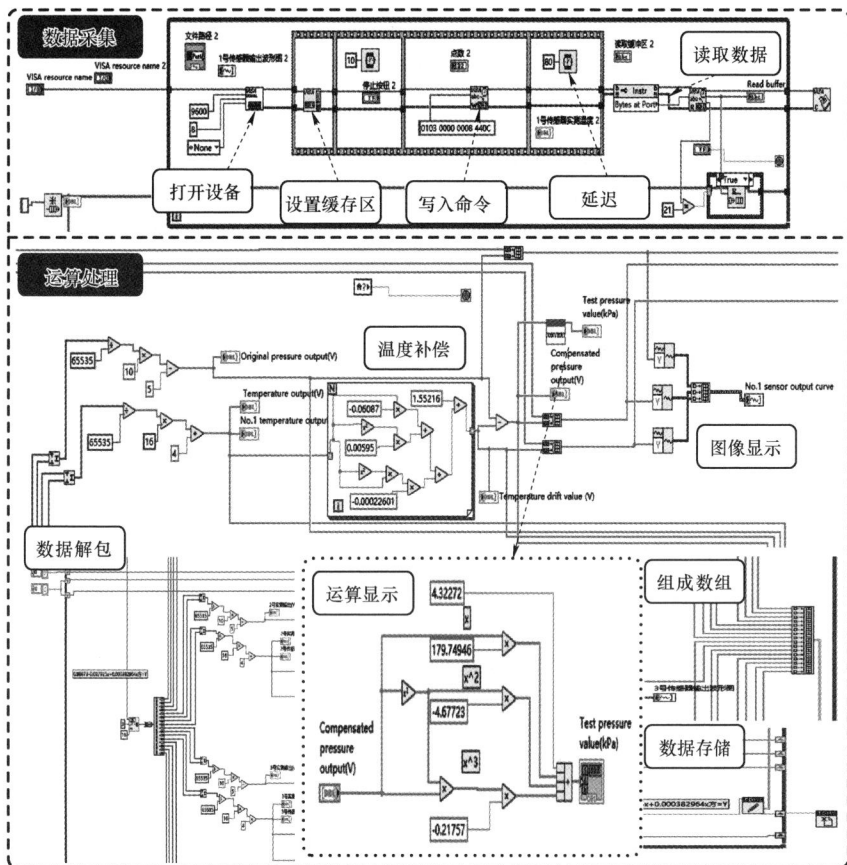

图 4-5　基于 LabVIEW 的软件程序框图

前面板可实现 4 通道的压力及温度信号的数值与图像显示，通过多通道转换按钮实现切换，如图 4-6 所示。图像监测窗口实时显示传感器输出电压变化的波形，涵盖压力测试值、温度补偿值和补偿后压力值。经过温度漂移补偿，压力传感器的输出波形准确反映当前环境的准确压力变化参数。图中波形显示了压力传感器在从常压增压至 500 kPa 再返回常压过程中的线性输出特性，表明补偿后的输出电压与压力呈正相关。最终将封装完成温压复合传感器、信号采集器、上位机通过电缆与数据传输线缆连接为耐高温高精度压力测试系统，如图 4-7 所示。

105

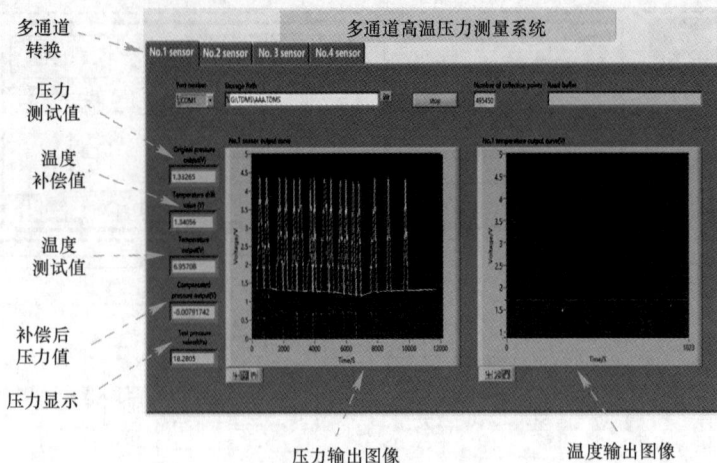

图 4-6　前面板显示界面

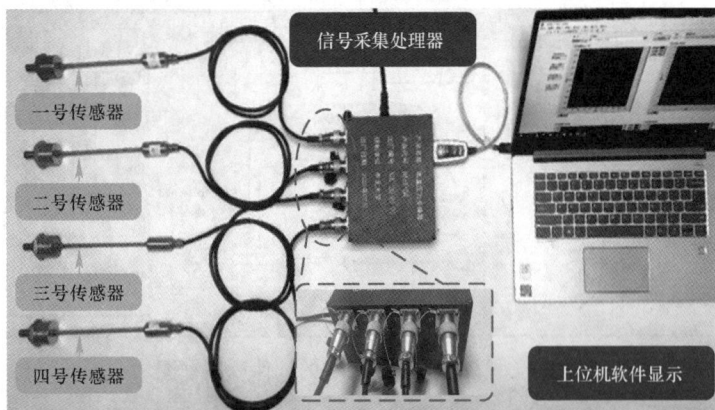

图 4-7　耐高温温-压复合测试系统

4.3　旋转轴承温度/转速参数实时在线测试系统设计与搭建

针对高温工况环境下旋转部件表面温度、转速信号的在线精准获取及实时显示需求，基于第 3 章中对离线式、在线式、无线供电式内圈温度转换模块，以及耐高温变磁阻式转速探头的研究基础，在本小节中设计了一种针对高温旋转轴承的温度/转速参数实时在线测试系统，通过设计温度信号无线获取和转速信号读取调理的信号采集器和上位机软件，实现了轴承 0～200 ℃温度范围内、0～50 000 r/min 转速范围内的复合测试，并在上位机软件显示界面实现温度、转速信号的数值与变化图像的实时在线显示与存储。

4.3.1　测试系统的组成

旋转轴承温度/转速参数实时在线测试系统主要由热电偶、温度转换模块、耐高温转速传感器、信号采集器和上位机软件组成，如图 4-8 所示。其中热电偶探头安装在轴承内圈位置，通过轴心引线至轴端连接温度转换模块，该部分在主轴高速旋转过程中实现温度信号获取；耐高温转速传感器正对保持架安装在轴承机架，该部分实现高温环境下转速信号的非接触获取。获取到的温度、转速信号通过有线连接、无线通信的方式传输至信号采集器，经调理后输出至上位机软件，实现温度、转速信号的实时在线显示及存储。

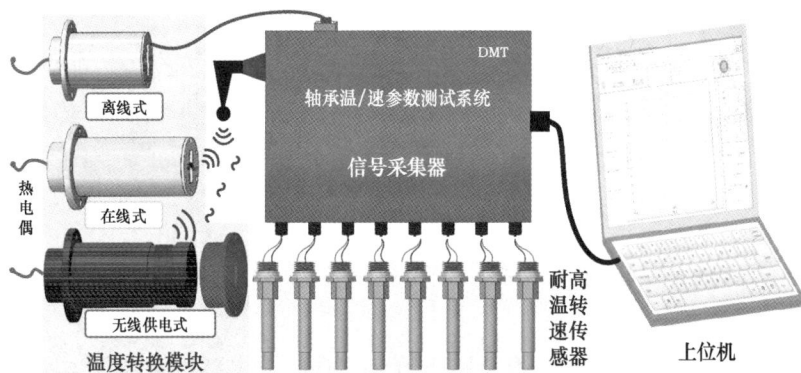

图 4-8　旋转轴承温度/转速参数实时在线测试系统的组成

4.3.2　信号采集模块

在设计轴承温度-速度多参数测试系统的硬件读出部分时，关键组件包括低噪声电源模块、信号同步采集模块以及信号调理模块,硬件读出系统原理框图如图 4-9 所示。该系统采用基于 I.MX RT 1050 微控制器的高精度、8 通道、多功能集成实时采集平台。通过上位机软件发送指令,可以控制硬件采集设备在不同的功能模式之间切换,包括常规的模数转换器(ADC)采集模式和射频激励模式。这样的设计使得温度信号和磁阻式转速信号能够通过采集调理电路实现多路同步采集。为了提高系统的抗干扰能力和可扩展性,每个采集通道都采用了信号隔离技术,允许独立配置多通道模式。该测试系统对微弱信号具有高灵敏度,在 $-1 \sim 1\ \mathrm{mV}$ 的量程范围内,其本底噪声可低至 $50\ \mu\mathrm{V}$。此外,系统的单通道采样率能够达到 $100\ \mathrm{kSPS}$,确保原始信号数据的完整性和准确性。

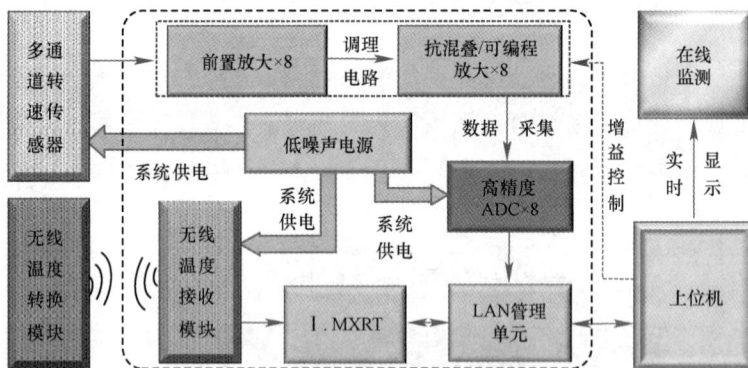

图 4-9　硬件读出系统原理框图

4.3.2.1　低噪声电源设计

在构建多参数测试系统的硬件读出部分时,考虑到系统需处理温度和转速等多种传感器信号,因此涉及多种信号调理、控制和传输芯片的应用。为了确保系统的稳定性和性能,电源设计至关重要,它不仅能够预防过流、过压和过热等故障,还能保证系统在各种工作条件下均能高效且安全地运行。

在电源电路设计方面,该硬件读出系统包括为磁阻式转速传感器提供激励的电源(3.3 V)、滤波增益电路的电源设计(±5 V、±15 V),以及为主控核心（1.8 V）和以太网电路（5 V）供电的电路。这些模块的电源需要有序地启动，以确保整个系统的稳定运行。电源电路通过 USB 接口接入标准 5 V 电平，而在系统设计中，采用了 ESD 保护芯片 SP3014 和单向瞬态电压抑制器 TVS SP1003，以实现对供电接口的静电防护和浪涌保护。这些保护措施能够抵御接触放电±8 kV 和空气放电±30 kV 的静电冲击，如图 4-10 所示，展示了带有静电和浪涌保护的电源电路设计原理图。

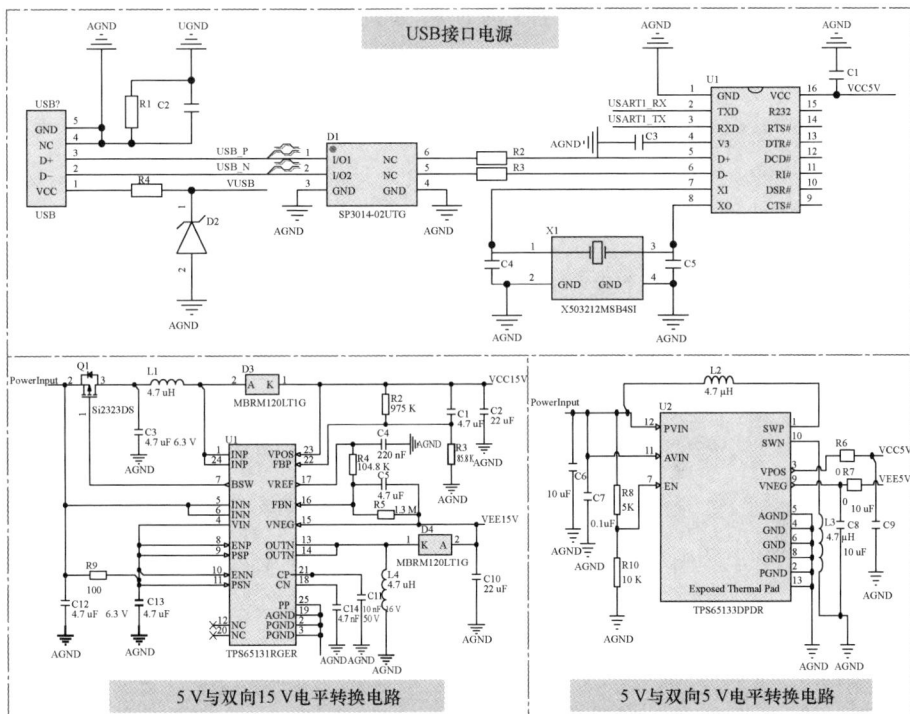

图 4-10　电源电路设计图

1. 5 V 与双向 15 V 电平转换电源电路设计

在设计高精度电源管理系统时，采用 TPS65131 型号的双路正负输出直流/直流（DC/DC）转换器芯片，以产生±15 V 的电压输出。在该电路配置中，当输入电压（PowerInput）设定为 5 V 时，正向输出端（VPOS）能够提供最大稳定输出电流至 500 mA，而反向输出端（VNEG）则能够提供最大稳定输出电流至 340 mA。此外，为了优化能效，该 DC/DC 转换器芯片被配置为节能模式，当负载电流较低时，通过脉冲跳跃（Pulse Skipping）模式运行，此时的运行电流降至 500 μA。这种设计策略旨在实现在保持电路性能的同时，降低能耗，提高系统的整体效率。

2. 5 V 与双向 5 V 电平转换电路设计

在设计前端放大器的电源电路时，选用了 TPS65133 型号的双路输出直流/直流（DC/DC）转换器芯片。该电源电路在连续传导模式（Continuous Conduction Mode，CCM）下工作，以确保电压输出的无噪声特性。电源电路的正向和反向输出电压精度控制在 1%以内，且最大输出电流可达 250 mA，从而满足后续电路中芯片的电流需求。这种设计方法不仅保证了电源的稳定性和精确性，而且为整个系统的高效运行提供了坚实的基础。

4.3.2.2 信号读取及调理电路设计

针对航空航天发动机关键部件的转速高精度测试需求，基于磁阻式的转速传感器采用的是差分信号读取方法，其转速测量电路原理如图 4-11 所示。转速信号以差分形式进入测量电路以消除路径阶跃电压。

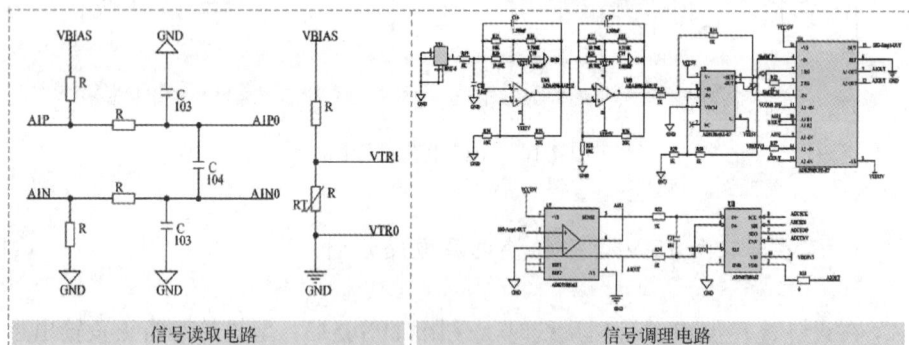

图 4-11 传感器信号读取及调理电路图

在高速轴承保持架的转速状态参数分析过程中，由于转速信号的幅度较小，需要通过一系列的信号调理步骤来增强其可测量性。这包括对信号进行滤波处理、单端至差分转换、增益放大和模数转换等步骤。具体地，针对磁阻式转速信号，设计了如图 4-11 所示的信号调理电路。利用 Ansys Nuhertz FilterSolutions 软件，自动化设计了具有多个反馈点的 4 阶巴特沃斯低通滤波器，以去除高频噪声并平滑信号。随后，采用低失真差分 ADC 驱动器 AD8138，将单端信号转换为差分信号，以提高信号的抗干扰能力。接着，通过精密仪表放大器 AD8295 对信号进行增益放大，以满足后续模数转换器的输入要求。经过调理的信号电平被转换后，输入到 16 位差分模数转换器 AD7687 中。最终，AD7687 通过四线制串行外设接口（Serial Peripheral Interface，SPI）协议，将量化后的轴承转速信号传输至主控芯片，以便进行进一步的数据处理和分析。这一流程确保了信号的准确性和可靠性，为轴承状态监测提供了坚实的数据基础。

4.3.3   上位机软件显示模块

硬件读取模块通过 USB 接口与个人计算机（PC）相连接，并在电源模块的作用下完成系统的初始化过程。此外，通过使用 CAT5 或更高级别的以太网电缆，实现了与 PC 的网络通信，上位机软件系统的逻辑流程如图 4-12 所示。在此流程中，管理人员成功登录轴承温度与转速的在线监测系统之后，上位机软件首先执行对硬件读取模块连接状态的检测。如果检测到硬件读取模块在预设的响应时间内未能成功响应，则系统将自动触发预警机制，并显示错误提示信息。这一流程的设计旨在确保系统的稳定性和可靠性，同时为操作人员提供及时的反馈，以便采取相应的措施。

在硬件读取系统与个人计算机（PC）建立连接之后，系统将按照既定的顺序执行一系列配置步骤。这些步骤包括但不限于轴承参数的设定、通道量程的选取、数字滤波器的配置，以及当前存储设置的确定。此外，还需输入轴承保持架滚子的数量，并设置信号增益系数。在进行数字低通滤波器的设置时，需要指定滤波器的阶数及其截止频率。同时，数据的定时存储路径和存储时间间隔也是必须配置的参数，以确保数据的准确性和可靠性。

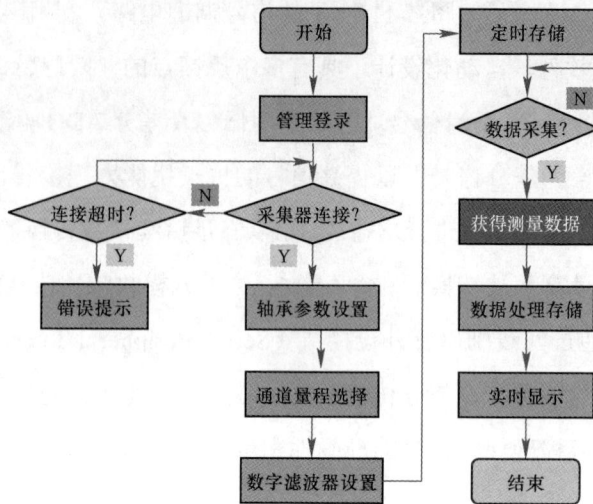

图 4-12　上位机软件系统流程图

在完成基础参数的配置之后，用户可以通过激活"开始采集"按钮来启动数据的收集过程。在此过程中，如果用户启用了"定时存储"选项，那么在预定的时间周期内，所收集到的数据将以数字表格格式（如".xlsx"）保存于个人计算机（PC）上。每个表格能够容纳的最大行数为 65 535 行，用于存储轴承温度与转速的多参数信息。当收集到的数据量超过单个表格的最大容量时，上位机系统将自动生成新的表格，并继续存储后续的数据。同时，系统会对原始数据进行处理，将其转换为温度和转速的测量值，并将这些转换后的结果实时展示在上位机的用户界面上。在原始数据传输至上位机后，将首先经过数字低通滤波器的二次滤波处理，以减少噪声干扰。随后，采用滑动平均算法对 100 个数据点进行处理，通过移除数组中的最大值和最小值，计算剩余数据点的平均值。这一方法旨在提高温度和转速测量的准确性，并增强系统对外部干扰的抵抗能力。通过这些步骤，可以确保数据的质量和系统的稳定性，为用户提供可靠的监测结果。

轴承温度与转速的多参数测试系统采用 LabVIEW 软件程序来操控 I.MX RT1050 作为主控核心处理器，以产生高频正弦波激励信号并发送控制指令。

图 4-13 展示了 LabVIEW 的登录界面。当上位机发出"开始采集"的指令后，温度和转速的原始信号以及它们的测量值将在各自的界面上实时展示。在用户界面的顶部左侧区域，显示了当前测试系统的采样频率、各通道的采集模式与量程配置、数据传输速率以及操作提示信息。界面的顶部右侧区域则展示了当前轴承内圈的温度值和保持架的转速值。系统界面的左侧区域用于进行数字滤波器的配置以及在定时存储过程中对数据区段的标记，而界面的右下方区域则用于设置定时数字表格文件的存储功能。

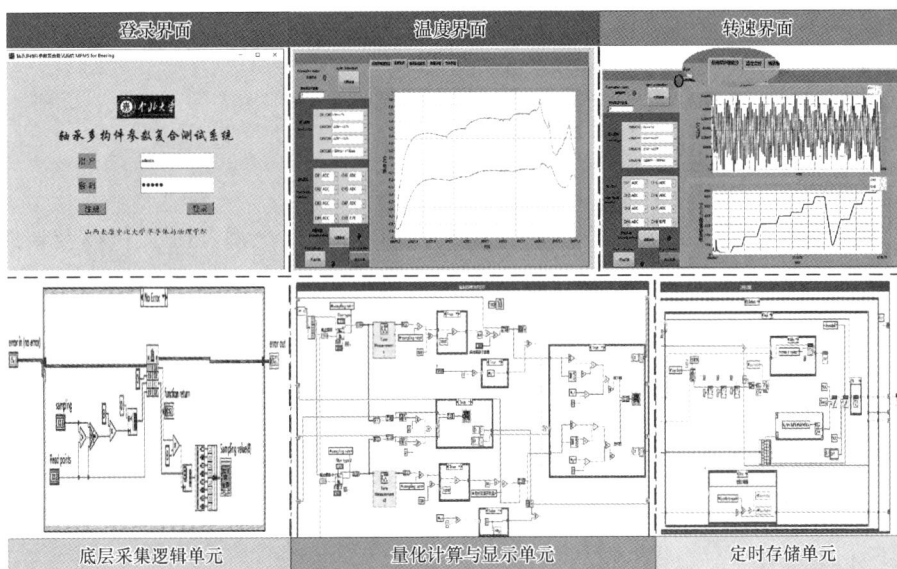

图 4-13　上位机软件前面板设计

此外，该系统还具备健康监测和预警机制。系统会将测量值与不同型号轴承的预设阈值进行比较分析。当测量值长时间接近或超过轴承的额定转速，接近或超过极限转速，或者长时间接近或超过轴承的最高耐温值时，系统将通过弹窗形式发出不同级别的预警提示，以确保操作的安全性和轴承的正常运行。这种设计旨在提前识别潜在的故障，从而采取预防措施，避免可能的设备损坏。

4.4　温/压/速联合测试平台的搭建

针对前期研究的温/压/速传感器器件及测试系统的功能化测试、工艺设计优化和综合性试验需求。在研究过程中，先后搭建了高温测试平台、高精度压力测试平台、快速升降温测试平台、高温-压力复合测试平台、高温-转速复合测试平台，以及高温-高转速复合测试平台。

4.4.1　高温测试平台的搭建

温度测试平台由主要马弗炉、隔热板、电压表、电源、LCR 仪以及传感器组成，其可控温度范围为 23～1 500 ℃，温度控制精度为±0.1%FS。由于高温是本研究中的各类传感器件与复合测试系统的典型工况环境，因此搭建的高温测试平台应用于耐高温压力敏感芯片、耐高温转速传感器、封装完成的耐高温高精度压力传感器及测试系统、轴承温/速传感测试系统的制备、初样测试、对比优化、综合试验等全周期研究过程。

以单电容式压力传感器的耐高温及温度测试为例，如图 4-14 所示为温度测试平台及传感器安装与电气连接方式。隔热板安装于马弗炉炉门位置，将传感器安装在隔热板中心的通孔位置，传感器电缆与电压表及直流电源连接。在马弗炉控制面板设置温度升降程序，并控制炉内温度记录不同温度下电压值，完成测试。

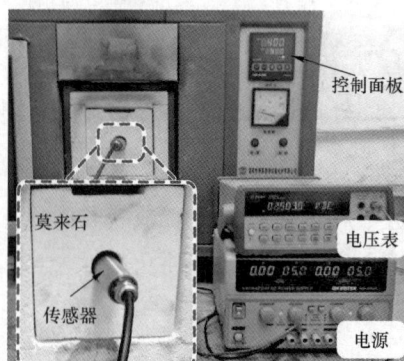

图 4-14　高温测试平台及传感器安装示意图

4.4.2　高精度压力测试平台的搭建

高精度压力测试平台主要由压力罐、电压表、直流电源、LCR 仪、控制器和氮气罐等组成，平台压力可控范围为 0～600 kPa，控制精度为 0.16%FS。其主要应用于单电容式压敏芯片、差动电容式压敏芯片、封装完成的温压复合传感器及测试系统的初样测试、工艺优化测试等，可对传感器的压力敏感性能进行灵敏度、重复性等参数的高精度测试，并依据测试结果优化芯片制备参数及总体封装方法，为最终实现耐高温高精度压敏器件奠定基础。

以单电容式压力传感器的压力敏感测试为例，如图 4-15 所示为高精度压力测试平台功能示意及传感器安装测试方式。单电容式压力传感器通过前端螺纹结构安装在测试平台压力罐的端面，压力罐尾部通孔连接氮气罐，传感器线缆连接高精度电压表及直流电源。在控制器内编写压力升降程序，包括压力控制值及冲压段数，打开氮气罐压力阀，记录控制器压力显示值与电压表显示值，完成测试。

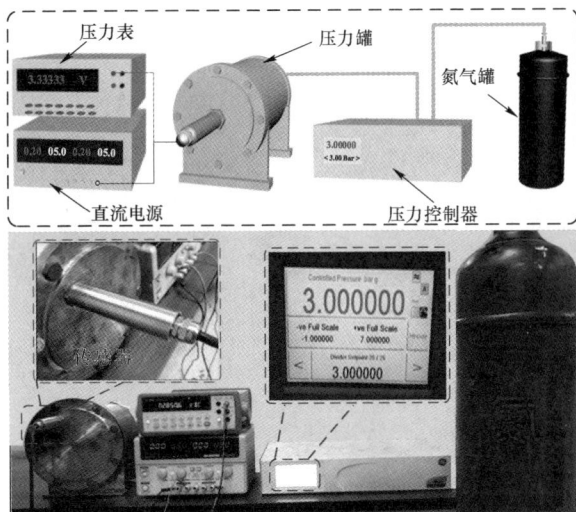

图 4-15　高精度压力测试平台搭建及传感器安装示意图

4.4.3　快速升降温测试平台

快速升降温测试平台主要由加热控制台、加热线圈、支撑台、传热钢板、传感器、测温仪、电压表、直流电源等组成，其采用电涡流加热原理可实现传热钢板、传感器等金属材质外壳的快速升温，同时开阔环境提高了传感器的降温速度，平台加载温度可达 1 300 ℃，测温仪精度为±1 ℃。其适用于研究过程中单电容压力传感器、耐高温压力传感器、测试系统的温度漂移，以及补偿标定等多项测试。

以耐高温压力测试系统的高温补偿标定实验为例，图 4-16 所示为快速升降温测试平台搭建及测试系统搭载方法。在测试平台的加热线圈上方通过支撑台固定传热钢板，钢板中心加工螺纹孔，传感器引压口通过螺纹孔与传热钢板连接，此处传热钢板可模拟传感器安装在高温高压的金属腔室外壁时热传导与热辐射并存的传热模式，最后将传感器输出端连接采集器及上位机，通过加热踏板控制线圈加热，记录上位机显示的传感器温度值与输出值，完成测试。

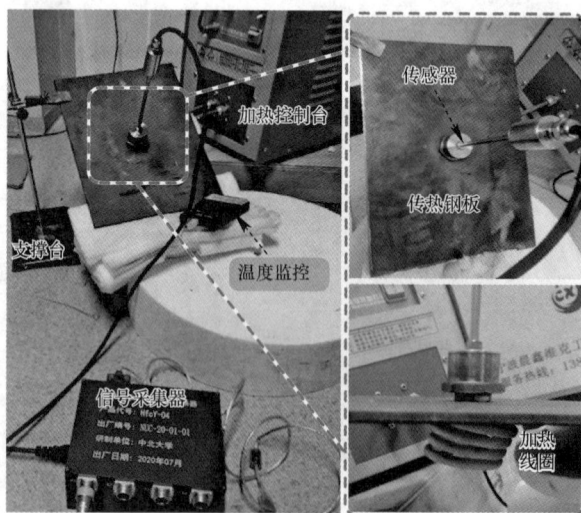

图 4-16　快速升降温测试平台及测试系统搭载图

4.4.4　高温–压力复合测试平台

高温-压力复合测试平台由电气控制系统、高温高压炉、真空系统、加热系统、压力系统、水循环冷却系统、氮气罐、直流电源和高精度电压表组成，如图 4-17 所示。其中电气控制系统可实现真空系统、加热系统、压力系统和水循环冷却系统的控制和状态显示。真空系统通过机械泵、扩散泵、先导阀、低真空阀、高真空阀和压力阀的配合实现真空环境。加热系统主要由钽加热器、钨铼热电偶、温控器等组成，炉内采用钽加热丝实现升温，钨铼热电偶监测温度，可根据设定的温度曲线，通过数显温度程序控制器实现自动温度控制功能。压力系统主要由氮气罐、阀门（进气阀和安全溢流阀）和压力表组成，可通过 PLC 自动控制实现炉内真空度和压力的反馈调节，具有软启动、软关、恒流、过流保护等功能。冷却水循环系统主要由水泵和循环水箱组成，

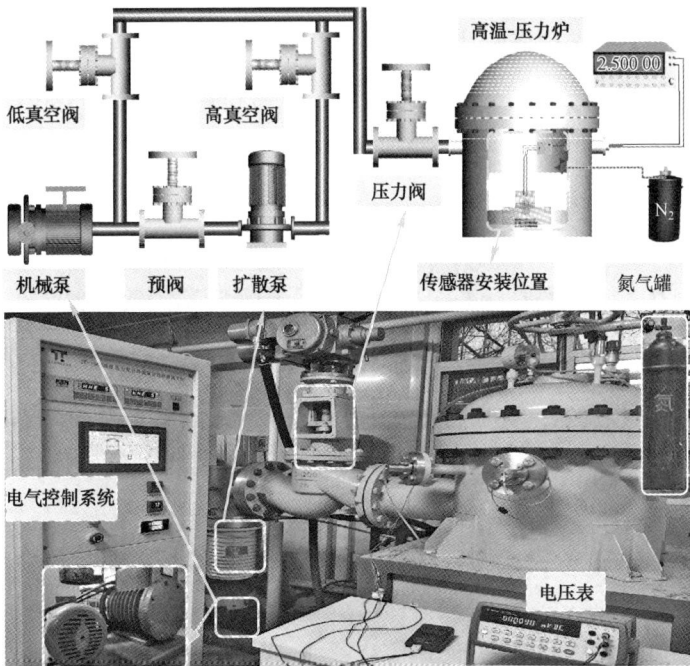

图 4-17　高温-压力复合测试平台

由电气控制系统实现炉体与扩散泵等结构的循环水冷降温。测试平台温度控制精度可达±0.1%FS，温度控制范围为 23～1 700 ℃，压力控制精度可达±0.5%FS，压力控制范围为 0～1.1 MPa。

4.4.5　高温–转速复合测试平台

高温-转速复合测试平台主要由加热炉、控制柜、石英管、电机、主轴、轴承、莫来石座、传感器、示波器、电压表等组成，平台温度可控范围为 23～1 100 ℃，控制精度为±0.1%FS，转速可控范围为 0～2 000 r/min，控制精度为±0.05%FS。其主要应用于轴承内圈温度与保持架转速在高温旋转工况条件下复合测试需求。

以轴承保持架高温工况环境下转速测试为例，如图 4-18 所示为高温-转速复合测试平台及传感器安装方法。主轴连接电机及轴承从一端伸入石英管内，轴承固定在加热炉高温区域，轴承、主轴与石英管间安装莫来石座对轴承及轴做径向承载与固定。传感器从石英管另一端伸入，通过莫来石座固定并对准轴承保持架位置。石英管两端由莫来石封口进行隔热处理，传感器线缆穿过莫来石孔连接至示波器等测试仪器。

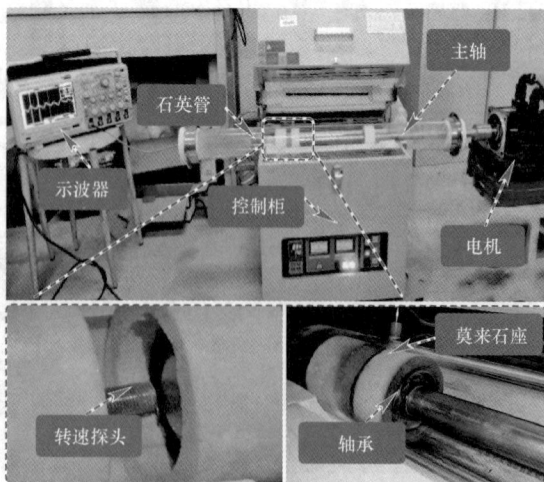

图 4-18　高温-转速复合测试平台及传感器搭载图

4.4.6　高温–高转速复合测试平台

高温-高转速复合测试平台主要由高速轴承台、智能化控制台、润滑系统、水冷系统、加热及温度监控系统、光电式保持架转速监测仪组成，如图 4-19 所示。其中高速轴承测试台包括高速电机、台座、主轴、支撑轴承、试验轴承组成，电机转速可控范围为 0~10 000 r/min，控制精度为 0.1%FS。电机通过联轴器与主轴、支撑轴承、试验轴承完成连接，通过控制台控制电机转速从而实现试验轴承转速的控制；润滑系统由油箱、油泵、输油管路组成，润滑油通过输油管路循环输送至各轴承盆腔内部，实现轴承内圈与外圈间滚珠润滑及循环降温，确保轴承在长期工作状态下的运行安全，避免因持续高温及应力集中造成的轴承蠕变、开裂等早期失效直至断裂失能；水冷系统由水箱、水冷机、循环水管路组成，通过水管路将水箱内冷水循环输入电机水冷层，降低电机在高速旋转过程中摩擦产生的热量，防止电机因过热导致的卡顿、掉速等潜在隐患的发生，保证以电机为核心加载单元的轴承测试台的运行与测试安全；加热及温度监控系统由加热风枪及测温仪组成，其主要应用于模拟测试系统应用及试验的高温环境加载及控制，加热风枪可实现温度加载最高值为 500 ℃，同时，测温仪可对测试位置温度进行监控，测试精度

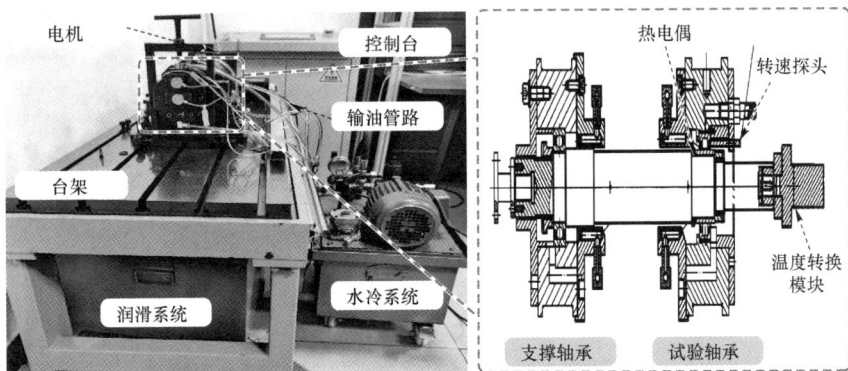

图 4-19　高温-高转速复合测试平台及传感器搭载图

可达±1 ℃；光电式保持架转速监测仪可通过在保持架表面粘贴反光条的方式，实现保持架转速的非接触测试标定，其测试精度为±5 r/min。智能化控制台可对高速轴承台、润滑系统、水冷系统等进行高精度综合控制，以满足各类转速环境测试需求。测试所用试验轴承为 6007 型号深沟球轴承，其尺寸为：内径 35 mm，外径 62 mm，厚度 14 mm，转速短期可达 13 000 r/min。

4.5　本章小结

在本章中，针对敏感芯体与传感器输出信号信噪比低、强度弱、抗干扰能力差等问题，以温度、压力、转速等参数敏感器件、转换电路研究为基础，设计了高质量降噪滤波、信号精密放大、模数转换的信号采集电路，以及温度补偿、实时存储、在线显示的上位机软件，形成耐高温高精度压力测试系统及旋转轴承温度/转速参数实时在线测试系统，并搭建了温度、压力、转速等复合测试平台，为后期测试验证奠定了基础。

第 5 章　温/压/速传感器件与系统的测试结果分析

5.1　概　述

基于前期敏感芯片、传感器、测试系统的设计制备等研究成果，本章应用自主搭建的温-压/速复合测试平台，对传感器及测试系统的温度、压力、转速等性能指标进行了综合测试。其中，在耐高温高精度压力测试系统方面，先后进行了单电容式压力传感器温度漂移、常温压力、动态压力、高温压力复合测试，以及差动电容式高精度压力测试系统温度漂移、动态压力、高温压力复合测试；在旋转轴承温度/转速参数实时在线测试系统方面，先后在自主搭载的高温-高转速复合测试平台对系统的离线式、在线式、无线供电式温度转换模块，以及耐高温转速传感器在变高温、变转速工况环境下旋转轴承内圈温度性能与保持架转速测试性能进行了综合测试验证。

5.2　耐高温高精度压力测试系统测试结果与分析

本小节中，针对前期研究的单电容式耐高温压力传感器，以及差动电容式耐高温高精度压力测试系统的温度漂移、压力灵敏度、动态压力响应、高温-

压力复合工况环境下综合性能进行了测试验证。

5.2.1 单电容式压力传感器测试结果及分析

5.2.1.1 高温测试结果分析

为了测试单电容式压力传感器的耐高温性能及高温环境下温度漂移输出，本研究将单电容式压力传感器安装在自主搭建的高温测试平台，测试时打开电源及电压表，记录各温度不同时间段内传感器输出值，如图 5-1 所示为将数据导入 Origin 中绘制出的传感器温漂曲线图。可以看出，在耐高温方面，传感器前端处在 400 ℃的高温环境下仍可以工作并输出电压。此外，工作温度越高，传感器的温度漂移越大，炉内温度升高时，传感器的温漂需要一定时间才能达到稳定，分析认为高温炉体、莫来石及传感器间传输存在滞后。工作环境为 100 ℃时，输出电压值基本稳定在 2.437 V 左右；工作环

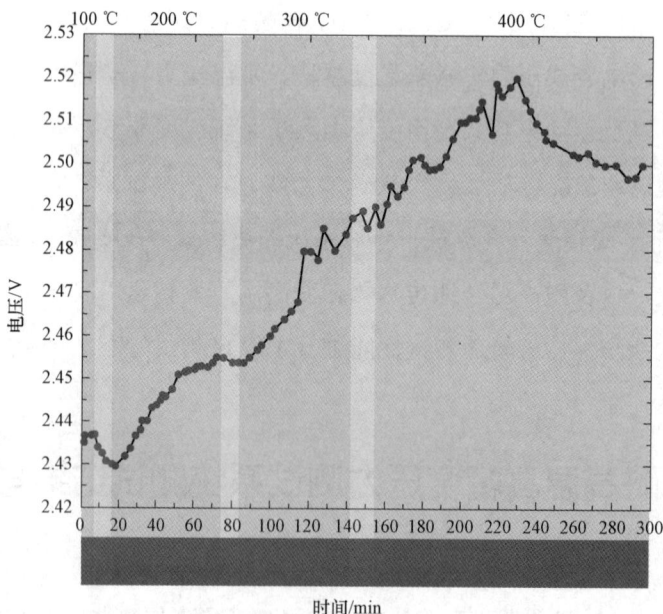

图 5-1 单电容传感器温漂曲线图

境为 200 ℃时，输出电压值基本稳定在 2.455 V 左右；工作环境为 300 ℃时，输出电压值基本稳定在 2.483 V 左右；工作环境为 400 ℃时，输出电压值不稳定，先上升到 2.52 V 附近，又下降到 2.5 V 趋于平稳，整体上，从 100 ℃到 400 ℃温漂约为 75 mV。此外，在升温过程中，电压输出值均出现短时间内降低的情况。

5.2.1.2　常温压力测试结果分析

为测试传感器的温度敏感性能，将单电容式压力传感器安装在自主搭建的高精度压力测试平台，传感器连接高精度电压表及电源。

测试时，打开氮气罐压力控制阀，在压力控制器内编写压力控制程序，包括压力控制值及冲压段数，以 25 kPa 为步进值从 0 kPa 一直升压到 300 kPa，并在稳压过程中记录输出电压值。压力达到 300 kPa 后，以 25 kPa 为步退值直至减压至 0 kPa，并记录泄压过程中传感器输出电压值，重复测量三次。如图 5-2 所示为使用 Origin 绘制的压力-电压曲线，传感器的静态灵敏度为 38 mV/bar。此外，传感器的压力-电压变化连续单调，线性度较高，迟滞低，重复性误差为 1.948%。

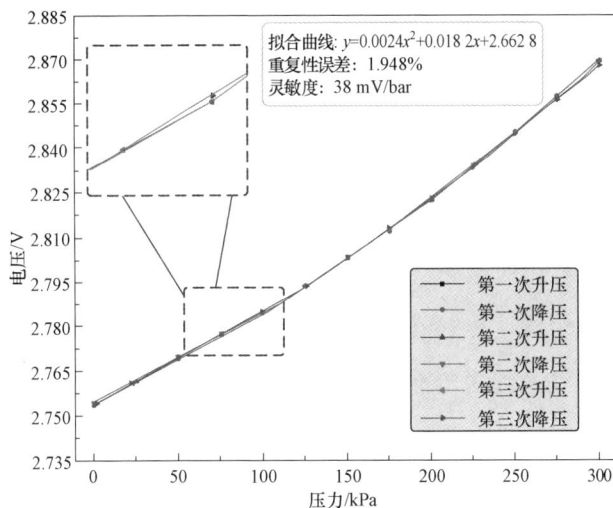

图 5-2　常温环境下单电容式压力传感器静态测试结果

在完成压力传感器静态性能测试后，将传感器搭载在激波管压力动态测试平台进行响应时间等动态性能测试。平台主要由主管道、电信号分析仪、计算机、氮气罐等组成。测试前，先要将氮气罐出气阀与激波的进气口连接，激波管的另一端安装传感器，传感器的输出端与电信号分析仪连接，分析结果在计算机上显示，在高、低压隔离区安装压敏锡纸，如图 5-3 所示为动态压力测试平台。

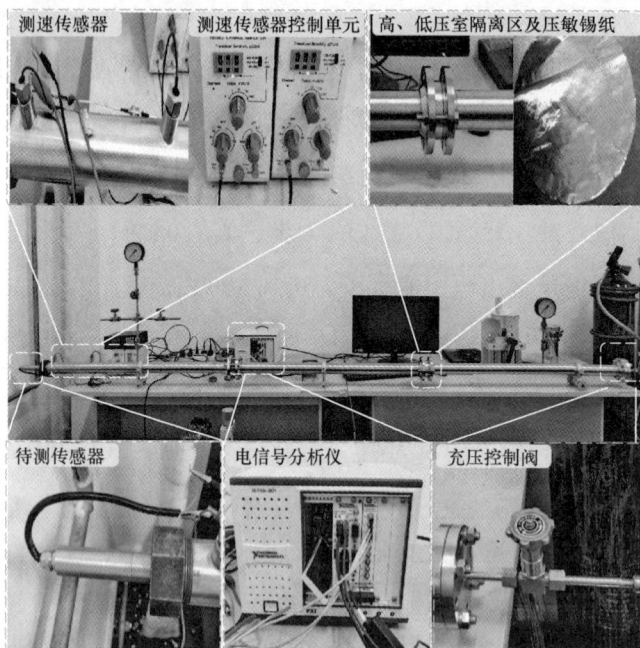

图 5-3　激波管动态压力测试平台

压力动态测试时，打开充气控制阀，氮气经充气阀进入高压室，当压力达到锡纸的抗压极限时破裂，关闭充压控制阀，气压从高压室快速进入低压室。低压室的两个测速传感器可以捕捉到气流分别到达两传感器的时间，计算出气流速度与气流到达传感器的时间，将传感器的响应时间、动态灵敏度稳定过程显示在计算机上，如图 5-4 所示为传感器的压力动态测试结果。由动态测试结果可得出传感器的响应时间为 1 ms，响应频率为 1 000 Hz，动态灵敏度为 0.832 mV/kPa。

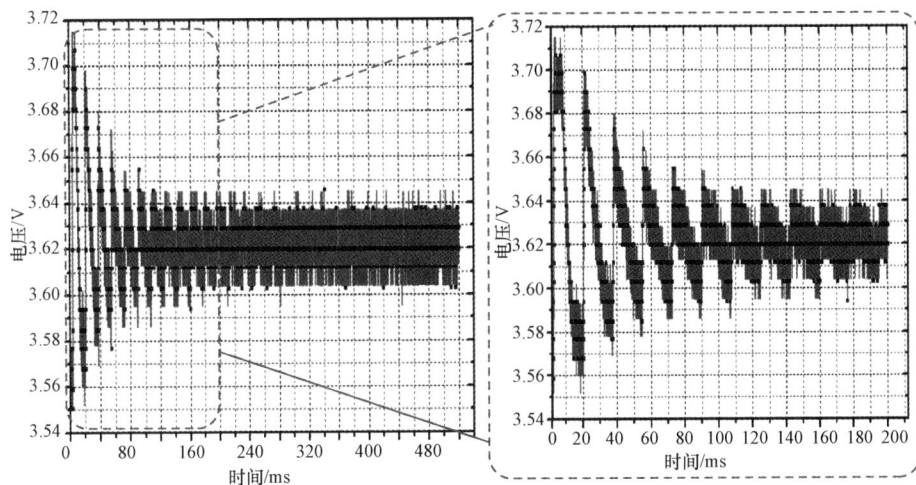

图 5-4　动态压力测试结果

5.2.1.3　高温-压力复合测试结果分析

针对传感器在高温压力复合环境下的耐高温压力敏感测试性能，将单电容式压力传感器搭载在自主搭建的高温-压力复合测试平台完成测试。测试时，在控制平台设定 23～350 ℃、0～300 kPa 温度、压力加载范围，重复测试三次并记录不同温度及压力下传感器输出值，图 5-5 所示为传感器三维温度-压力-电压曲面图。

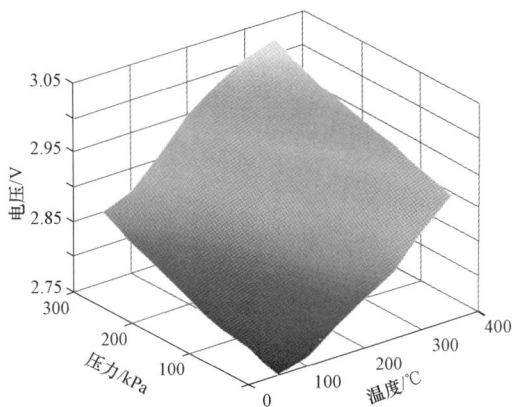

图 5-5　温度-压力-电压转换 3D 曲面

测试结果表明，该传感器可在 23～350 ℃的高温环境下工作，压力测试范围为 0～300 kPa，静态灵敏度 38 mV/bar，重复性误差小于 1.948%。该传感器线性度较高，可靠性好，可用于高温环境下的压力测量。

同时，研究的单电容式耐高温压力传感器在国家一级计量单位——北京振兴计量测试研究所完成测试验证并出具校准证书，图 5-6 所示为计量单位测试平台原理图，图 5-7 所示为测试平台温压加载、控制及传感器搭载方式。

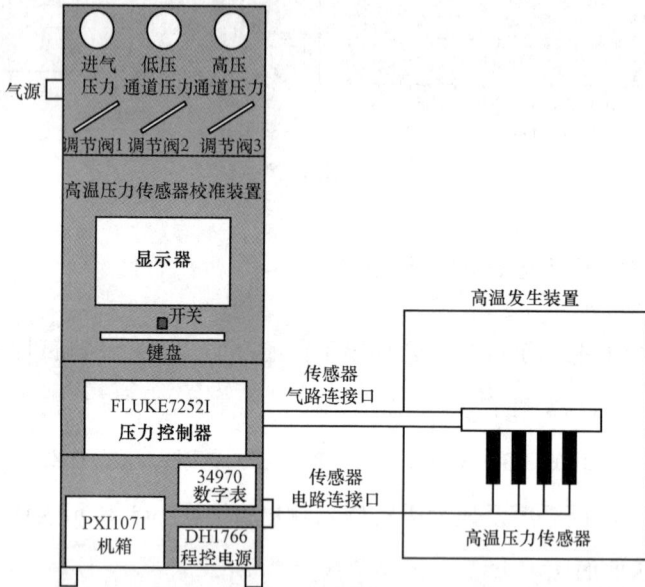

图 5-6　计量单位测试平台原理图

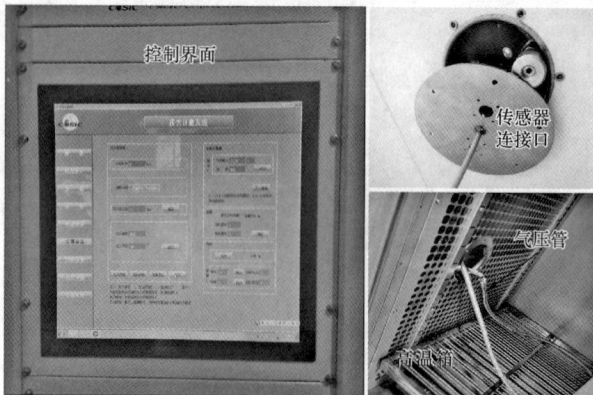

图 5-7　测试平台温压加载、控制及传感器搭载方式

进行高温压力传感器输出特性测试时，具体过程为：① 将压力传感器安装至高温环境下压力传感器校准装置温箱内；② 连接电源输出与传感器信号线；③ 开启校准装置软件；④ 录入传感器信息；⑤ 设置校准温度点 220 ℃；⑥ 启动校准软件，执行自动校准流程；⑦ 校准结束后保存校准数据。校准结果显示在 20 ℃下，传感器工作直线方程为 $y = 3.186\ 2 + 0.056\ 952p$，满量程输出为 0.171 V，重复性为 1.66%FS，迟滞：0.78%FS，线性：±3.47%FS，基本误差：±5.52%FS。在 220 ℃下，传感器工作直线方程为 $y = 3.291\ 9 + 0.047\ 00p$，满量程输出为 0.095 V，重复性为 4.487%FS，迟滞：4.201%FS，线性：±1.250%FS，基本误差：±7.838%FS。传感器校准证书如图 5-8 所示。

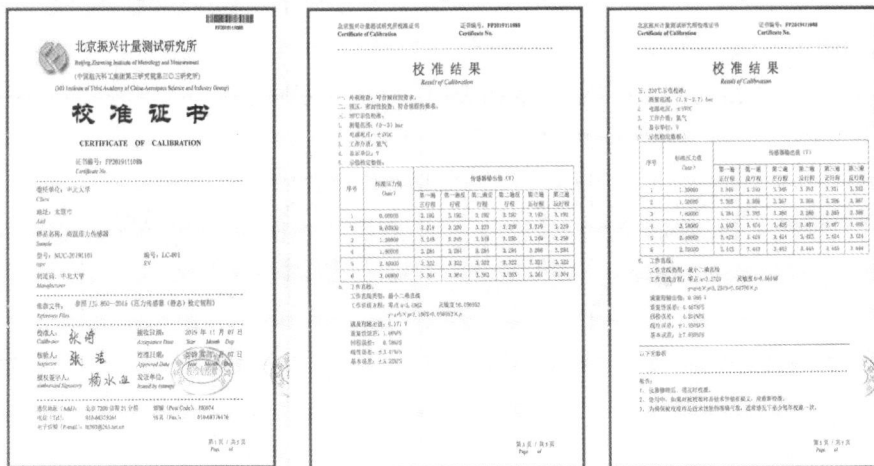

图 5-8　单电容式压力传感器校准证书

5.2.2　差动电容式传感器及测试系统测试结果及分析

5.2.2.1　高温测试结果分析

差动电容式压力传感测试系统内的差动电容式压力敏感芯片可实现变高温环境下大部分温度漂移误差的硬件补偿，但由于制备工艺的精度局限和后端引线电缆的寄生电容影响，仍然存在一部分温度漂移需要测试系统内置的温度敏感单元对压敏芯片原位温度进行监控，并利用上位机软件端温度补偿算法将温度变化产生的电压变化值（即温度漂移值）从电压敏感芯片的总输出电压值中去除，实现耐高温压力测试系统的高精度测试需求。

基于此，在开始温压复合环境测试前，需对传感器压力敏感单元在常压高温环境下电压输出值与原位温度敏感芯片测得值进行标定，拟合出压力敏感芯片的温敏函数，获得温度补偿参数。本研究将差动电容式温-压复合测试系统搭载在自主搭建的快速升降温平台完成测试。测试时，打开上位机软件文件存储功能，踩下加热踏板，传感器环境温度迅速提高，当温度达到400 ℃后松开踏板，温度下降，升降温共四次并记录数据，利用 Origin 软件绘制曲线如图 5-9（a）所示。

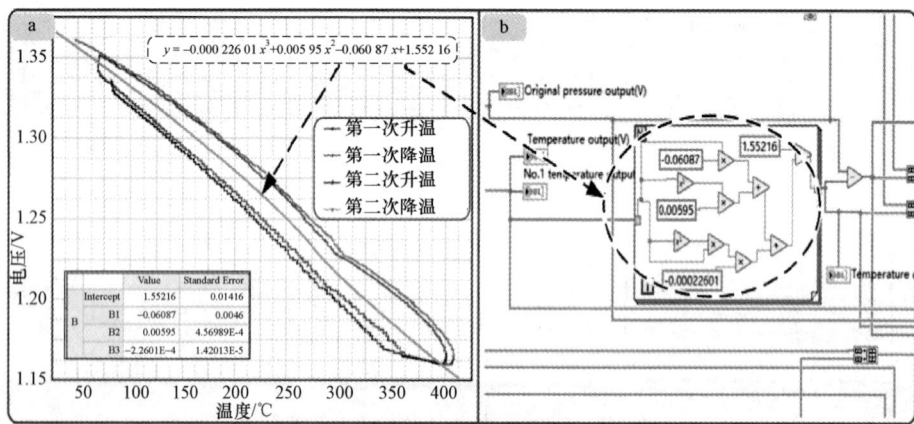

图 5-9　（a）常压下温度传感器的温度和输出电压曲线图；
（b）测试系统中的温度补偿计算程序

从图中可以看出两次升降温曲线基本吻合，但升温与降温环境下输出值存在滞后现象，分析认为产生的寄生电容的后端引线在传感器升温与降温的实际温度与敏感芯片端温度变化不一致，因此造成输出滞后现象。根据测试所得的升降温环境传感器输出数据拟合得到传感器温敏曲线如图 5-9（a）所示。拟合曲线表明，当温度升高时，输出电压降低，因此在 C-V 转换电路的设计中需要预留一定的零位压力输出电压初始值。

传感器温敏测试数据拟合公式设计如下：

$$V_0 = aV_T^3 + bV_T^2 + cV_T + d \tag{5.1}$$

式中：V_0 为温度漂移值，V_T 为温度敏感芯片测试输出电压。使用 Origin 软件拟合测试数据所得结果：$a = -2.260\,1 \times e^{-4}$，标准差为 $1.420\,13 \times e^{-5}$；$b = 0.005\,95$，标准差为 $4.569\,89 \times e^{-4}$；$C = -0.060\,87$，标准差为 $0.004\,6$；$d = 1.552\,16$，标准差为 $0.0141\,6$。因此，差分压敏芯片的温度漂移拟合函数为：

$$V_0 = -0.000\,226\,01 \times V_T^3 + 0.005\,95 \times V_T^2 - 0.060\,87 \times V_T + 1.552\,16 \tag{5.2}$$

将拟合函数写入上位机软件的温度补偿运算模块，如图 5-9（b）所示。在后续的温压复合测试中，将差压敏感芯片实际测试得到的电压输出 V_S 减去温度漂移 V_0，得到高精度压力测试系统输出 V_p 的计算函数，如下：

$$V_p = V_S - V_0 \tag{5.3}$$

5.2.2.2　高温–压力复合测试结果分析

本小节针对耐高温高精度压力测试系统在高温压力复合环境下的测试性能展开研究，将测试系统搭载在高温-压力复合测试平台，传感器与测试系统在平台内安装及连接如图 5-10 所示。将四通道压力传感器安装在炉体内部高温加载区域，其中，温压复合敏感芯片端部靠近高温中心，加热区域上方放置莫来石材料进行隔热，传感器后端通过莫来石中心孔洞伸出后在缝隙处填入隔热棉，确保炉内其他位置与加热区域的热绝缘。传感器线缆经炉侧壁的气密接头连接至信号采集器及上位机。安装后将所有螺栓拧紧，确保炉体与外界绝对气密隔离。

测试开始前，需对炉体内部进行抽真空后充氩气保护处理，以避免后期高温环境对炉体氧化侵蚀。首先通过控制柜内的电气控制模块打开机械泵和预阀，对管道中的气体进行抽真空，并打开扩散泵进行预热。预热 1 h 结束后，打开压力阀，关闭预阀，打开低真空阀。此时炉体与管道、机械泵相连，由机械泵对炉体进行低真空处理。当低真空度达到 5 Pa 时，关闭低真空阀，打开先导阀和高真空阀，用扩散泵将炉体泵至高真空状态（5×10^{-2} Pa）。最后，打开氩气罐阀门，设置充压示数为 0 kPa，炉体内部充满氩气，测试准备就绪。

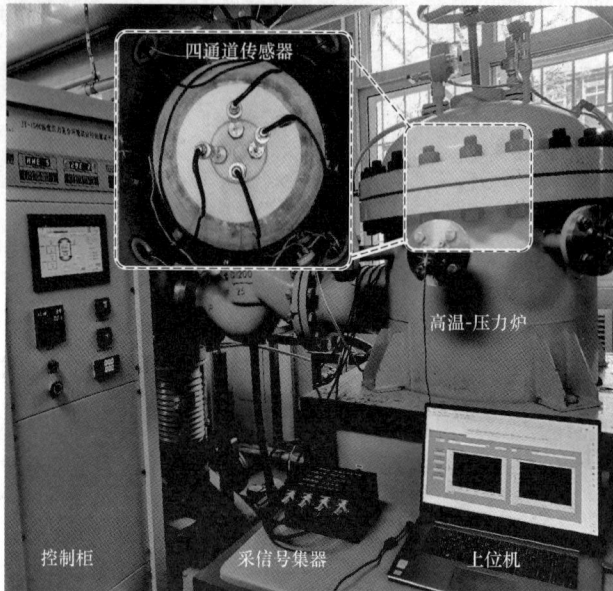

图 5-10　测试系统在温度压力复合测试平台内搭载图

首先对未进行算法温度补偿的复合测试系统进行测试，在控制面板内编写温升程序，分别测试传感器在 24 ℃、100 ℃、200 ℃、300 ℃、400 ℃ 温度下 0～500 kPa 压力范围内测试系统的输出值。具体为，在每个温度点按下恒温按钮，并以 120 kPa 为步进值升压至 480 kPa，再以 120 kPa 为步退值降压至 0 kPa，其间在各预设点附近压力平稳时记录输出电压值，最终借助 Origin 软件绘制各温度步长压力-电压变化曲线和三维温度-压力-电压图，如图 5-11 所示。

可以看出，在整个温度范围内，测试结果存在较大误差，在 24～400 ℃ 温度范围内，输出电压最大差值为 0.261 V，全温区压力-电压拟合曲线的重复性误差为 8.32%。

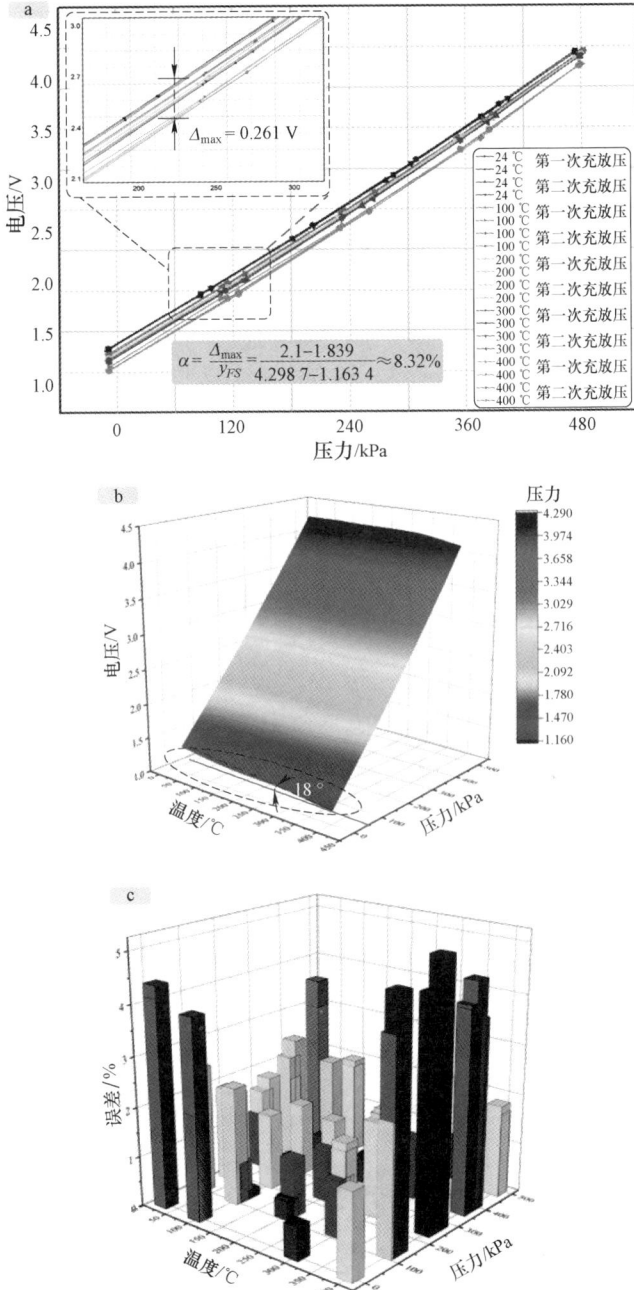

$$\alpha = \frac{\Delta_{max}}{y_{FS}} = \frac{2.1-1.839}{4.298\,7-1.163\,4} \approx 8.32\%$$

图 5-11 算法温度补偿前系统的压力测试结果
（a）不同温度下的压力和输出电压示意图；（b）三维温度-压力-电压图；
（c）各温度、压力测试点与拟合线之间的误差柱状图

131

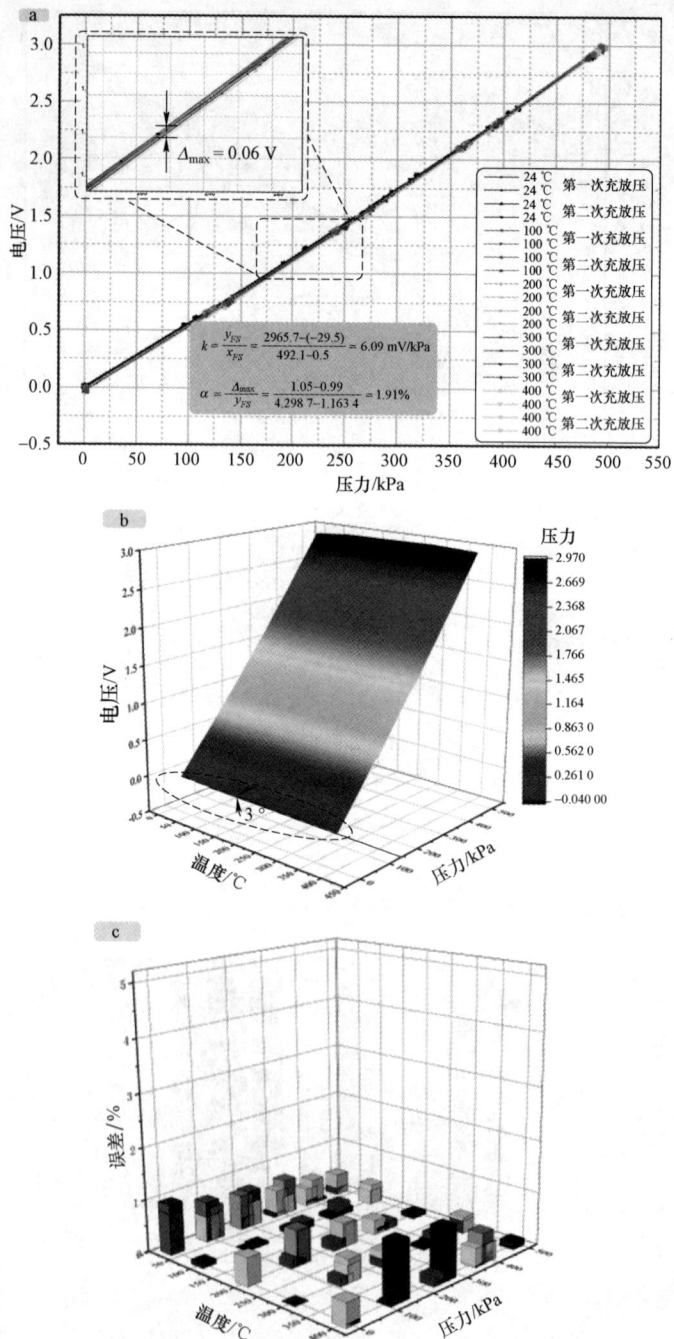

图 5-12 算法温度补偿后系统的压力测试结果（a）不同温度下的压力和输出电压示意图；
（b）三维温度-压力-电压图；（c）各温度、压力测试点与拟合线之间的误差柱状图

同样的，记录算法温度补偿后测试系统在各温度、压力节点的输出电压 V_p，并绘制各温度下的压力-电压变化曲线和三维温度-压力-电压图，如图 5-12 所示。可以看出，经过温度补偿算法处理后，输出电压最大差值为 0.06 V，全温区范围内的重复性误差仅为 1.91%，灵敏度达到 6.378 mV/kPa。选取各压力节点的平均输出电压绘制曲线，如图 5-13（a）所示。使用 Origin 软件进行曲线拟合函数的结果如下：

$$V_{\Delta} = 7.652\,77\mathrm{e}^{-10}P^3 + 7.138\,75\mathrm{e}^{-7}P^2 + 0.005\,56P - 0.023\,59$$

（5.4）

因此，传感器的测量误差为 ±0.95%，为可重复性误差的 1/2。

将压力的横坐标压力值与纵坐标电压值进行交换，得出输出压力-压力转换曲线如图 5-13（b）所示，再次进行函数拟合，得到如下公式：

$$P = -0.217\,57 \times V_{\Delta}^{3} - 4.677\,23 \times V_{\Delta}^{2} + 179.749\,46 \times V_{\Delta} + 4.322\,72$$

（5.5）

将式（5.5）函数写入上位机软件在线显示模块程序，如图 5-13（d）所示。传感器测得的压力值可直接在显示区读取，如图 5-13（c）所示。四通道压力传感器的温度补偿校准过程和测试方法相同，实时在线显示界面可切换显示各传感器的测试数据。多通道高精度压力测试系统适用于不规则变化的高温环境，可广泛应用于 24～400 ℃高温环境下多测点压力的实时在线精准监测。

5.2.2.3　动态参数测试

完成耐高温高精度压力测试系统的高温以及静态压力性能测试后，再将传感器搭载在激波管压力动态测试平台进行响应时间等动态性能测试。压力传感器安装及测试结果如图 5-14 所示。经测试数据计算所得，传感器频率响应为 341.67 Hz，上升时间小于 3 ms。

133

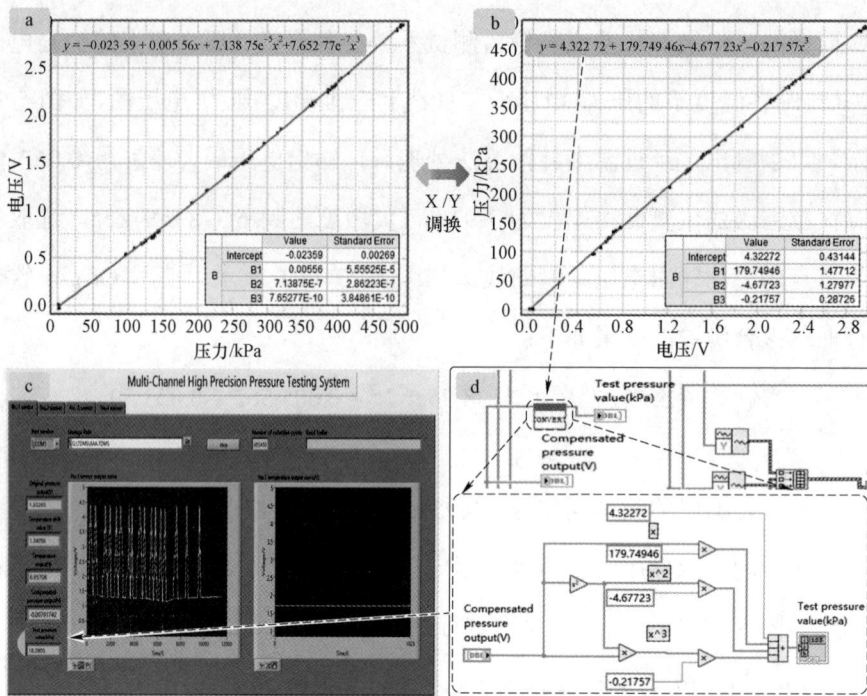

图 5-13　（a）电压平均输出值-压力转换曲线；（b）压力-电压曲线；
（c）压力输出值在线实时显示；（d）压力输出值求解程序

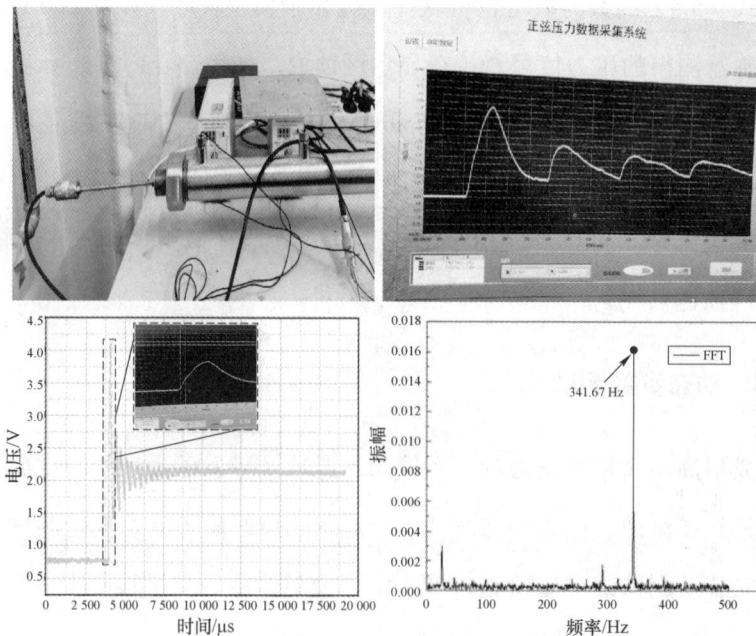

图 5-14　差动电容式压力传感器动态性能测试结果

5.3　旋转轴承温度/转速测试系统测试结果与分析

本研究设计的旋转轴承温度/转速参数实时在线测试系统主要面向高温（≮150 ℃）、高转速（10 000～50 000 r/min）环境下轴承内圈温度以及保持架转速信号的在线测量。其中在前端耐高温温度、转速信号获取模块迭代数次，并在自主搭建和应用单位研究所的不同测试平台完成测试，因此下面将对不同时期迭代成果对内圈温度与保持架转速的测试结果进行逐一分析。

5.3.1　高转速下内圈温度测试结果与分析

5.3.1.1　离线式温度转换模块内圈温度测试结果及分析

离线式温度转换模块由内置电池供电，并配备了数据存储组件，能够在主轴转速达到 10 000 r/min 的条件下，对旋转体的温度数据进行实时采集。但是，由于转换电路内部元器件存在非线性误差，为增强该模块的测量准确性，在构建测试系统前，必须对其进行高温校准测试。本研究以离线型温度转换单元为例，详细讨论并分析了高温校准测试的结果。

本研究采用自行搭建的高温测试平台对转换模块进行标定，将热电偶精确安置于炉体内部，并确保热电偶的线缆通过莫来石孔引出，与温度转换模块相连。该模块进一步与信号采集器及上位机相接，以实现数据的准确传输和处理。为确保校准的准确性，研究团队将高精度测温仪器与热电偶绑定，并利用炉外的显示界面对原位温度进行实时监控。实验过程中，操作者通过平台控制面板设定温升曲线，即从 25 ℃起始，以 5 ℃的增量逐步提升至 175 ℃，并在每个温度点保持 10 min。在等待温度计显示的监控温度稳定后，记录下监控数值与上位机显示的数据，将测试到的网格化数据拟合为温度转换函数写入模块内，通过这种方法，研究者能够对离线式温度转换模块在高温条件下的性能进行精确评估，从而为后续的测试系统搭建提供可靠的数据支持。

转换模块高温标定前后的对比测试结果如图 5-15 所示。可以观察到标定前，该离线温度测量设备的四个通道所记录的温度数据与标准温度计的读数呈现出明显的线性相关性，但四个测温通道测量结果与标准温度计的参考值之间均存在一定程度的偏差。而在标定后，四个通道的温度值具有较高的一致性，且与标准温度计的测量值为参考值，温度转换模块的测温精度达到±2.3%FS。

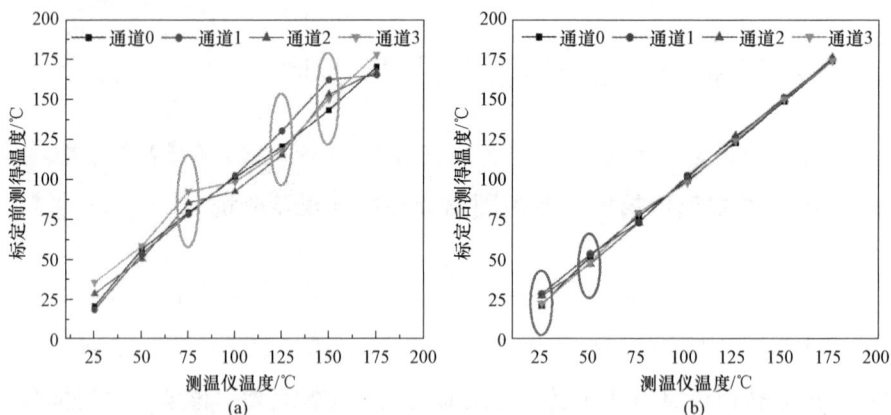

图 5-15　离线式温度转换模块标定前后温度测试结果对比图

在完成温度转换单元的高温校准程序之后，将该离线式温度转换单元安装于自行构建的高温-高转速复合测试平台，如图 5-16 所示。在主轴表面固定两通道热电偶并与温度转换模块连接，其中第一通道的热电偶相对于第二通道更接近轴承架位置。实验中，将轴承的转速从 0 r/min 升至 10 000 r/min 再降至 2 000 r/min，待转速平稳后停机并将温度转换单元与数据采集器及上位机相连，模块中的数据上传至上位机。随后，采用 Origin 软件对测试数据进行图形化处理。测试结果如图 5-17 所示，在① 测点位置，当轴承转速为 0 r/min 时，记录到的最低温度等同于环境温度。随着轴承转速的增加，从

0 r/min 逐步提升至 10 000 r/min，① 测点处的最高温度升至 93 ℃。可以看出温度与电机转速间存在单调性，分析认为高转速下轴承内摩擦较为剧烈，传输至主轴的温度也更高。对于② 测点，其在轴承转速为 0 r/min 时同样显示出与环境温度一致的最低温度，而在转速提升至 10 000 r/min 时，② 测点处的最高温度记录为 56 ℃。鉴于② 测点与① 测点之间存在 20 mm 的距离，并且受到油冷和水冷系统的冷却效果，② 测点在各个阶段的温度普遍低于① 测点。测试结果表明，离线式温度转换模块可实现 0～10 000 r/min 转速工况下旋转轴温度的有效测量，可期对轴承内圈温度实现原位测量。

图 5-16　离线式温度转换模块在高温-高转速复合测试平台搭载图

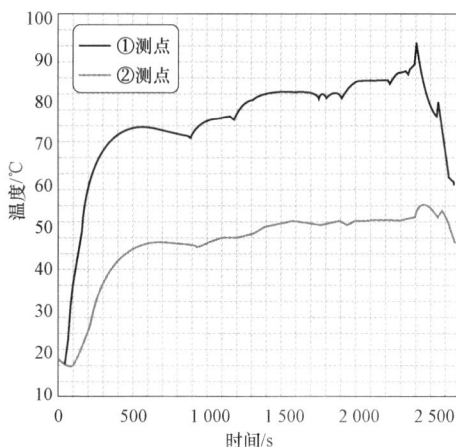

图 5-17　离线式温度转换模块温度测试结果

5.3.1.2 在线式温度转换模块内圈温度测试结果及分析

在离线式温度转换模块的基础上，针对测试过程中不能实现轴承旋转过程中温度信号的实时在线传输等问题，研究出了可实现高速旋转状态下信号无线发射的在线式温度转换模块，并在实时在线测试系统的信号采集器内部集成无线信号接收模块，该系统在应用单位研究完成轴承试验机搭载测试，具体测试内容及测试结果如下所述。

在线式温度转换模块试验在第三方检测单位测试平台进行，该平台主要由动力系统、滑油系统、测控系统、冷却系统以及机械系统等组成。其最高转速为 50 000 r/min，滑油最高供油温度为 180 ℃，滑油最大流量为 10 L/min。试验器测试轴承及在线式温度转换模块安装方式如图 5-18 所示。具体为在测试轴承内圈端面处安装 T 型测温线，两个测温点接触轴承内圈端面（流道温度），另两个测温点与内圈端面平行紧贴，引线通过点焊蒙皮技术连接至轴孔并通过轴心连接至轴端，在轴端将热电偶与在线式温度转换模块连接，温度信号通过无线发射方式由信号采集器接收并传输至上位机显示及存储。

图 5-18 平台测试轴承与在线式温度转换模块安装方式

试验时，设备"滑油供油路温度"用于模拟试验温度场，试验件工艺轴承外圈端面温度即"前腔轴承温度 T3-A"，试验轴承外圈安装座端面温度即

"后腔轴承温度 T4-A"，各试验加载数据变化曲线如图 5-19 所示。其中滑油供油量保持在 3.05～3.1 L/min 之间，滑油供油温度从 120 ℃上升至 180 ℃，主轴转速设置为 6 000 r/min 为待机转速，13 000 r/min 为正式测量转速，定子端的轴承外圈端面温度与轴承外圈安装座端面温度作为实时监控。

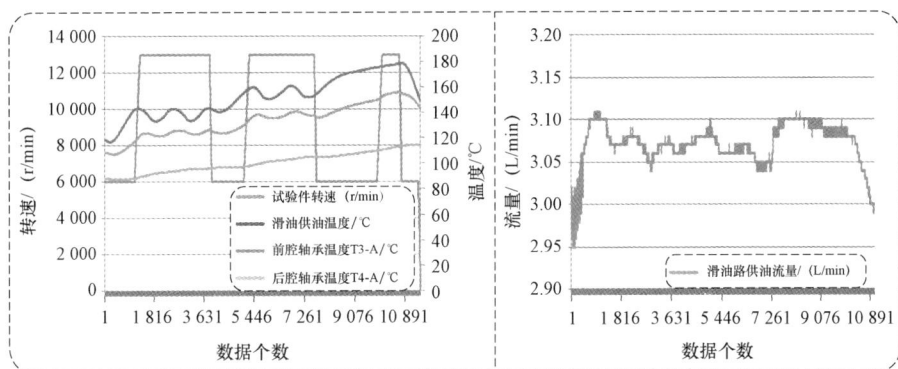

图 5-19　试验中温度与转速等加载数据变化曲线

主轴 13 000 r/min 转速、不同供油温度下轴承内圈温度测试结果如图 5-20 所示，从试验加载数据与内圈温度测试结果可以看出：四通道在线式温度转换模块的内圈温度检测结果与试验加载温度（滑油供油温度）与试验监测温

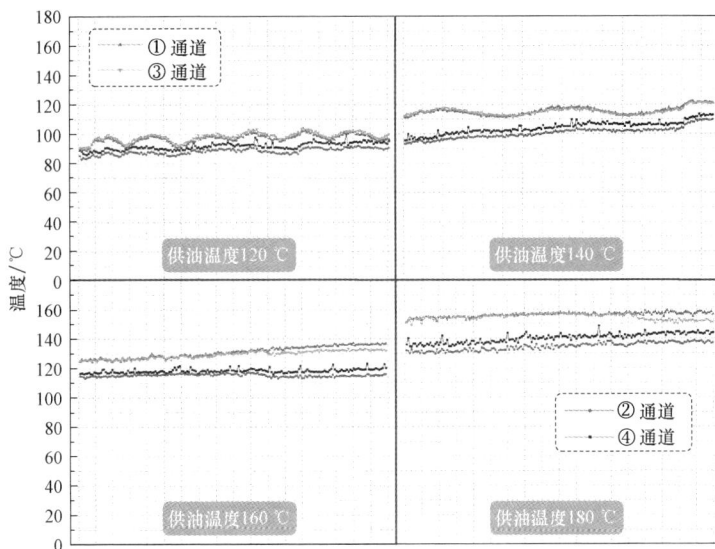

图 5-20　不同供油温度下轴承内圈四通道温度值变化曲线

度（轴承外圈座温度）变化趋势基本一致，滑油供油温度最高为 178.4 ℃，试验轴承外圈座温度最高 114.4 ℃，试验件内圈温度最高 159.2 ℃。此外，接触内圈的①、③两通道温度测试值均要比紧贴内圈的②、④两通道温度测试值低，分析认为高速旋转过程中接触内圈测温点出现轻微位移导致其与紧贴内圈测温点数据存在差异。

5.3.1.3 无线供电式温度转换模块内圈温度测试结果及分析

实际测试过程中功能模块与多层保护外壳结构安装非常复杂，在线式温度转换模块因电池电量受限导致的待机时间短，需定期充电才能继续工作，大大限制了温度转换模块的持续测试时间，同时重复拆装极易造成转换模块的寿命损耗。因此，团队设计了无线供电式温度转换模块，其供电模块可对高旋转状态下的温度转换模块实时持续供给电量，大大提高了温度转换模块的单次持续测量时间，并极大缩减了模块在测试中的整体拆装次数。无线供电式温度转换模块安装如图 5-21 所示。

图 5-21　无线供电式温度转换模块安装图

首先测试恒定电机转速（12 520 r/min）下，改变供油温度对轴承内圈温度的影响，试验全程采用环下供油法。供油温度阶梯为 80 ℃—120 ℃—140 ℃— 120 ℃—80 ℃，其中①、③号测点为紧贴内圈温度，②、④号测点为接触内圈的流道温度，同时温度转换模块集成温度监控传感器，测试结果如图 5-22 所示。

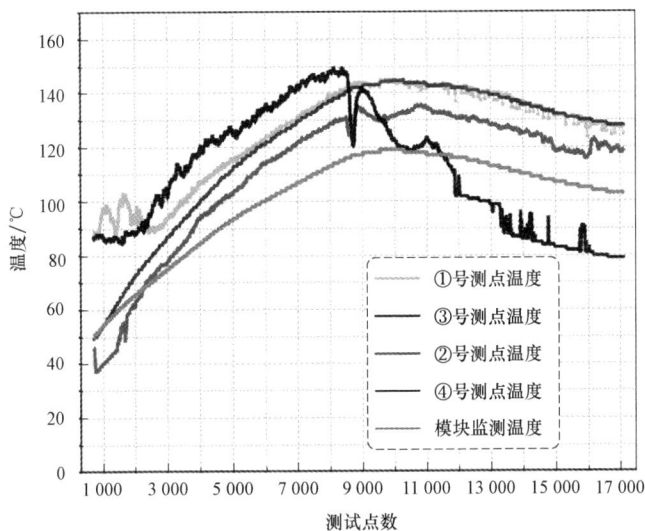

图 5-22 电机 12 520 r/min 恒定转速变供油温度下内圈温度测试结果

本研究测试平台的外圈监测温度、供油温度与④号测点温度做对比如图 5-23 所示，可以看出④号测点流道温度与供油温度几乎一致，且突变点与外圈监测一致，证明测试系统温度数据准确可信。外圈温度与供油温度变化

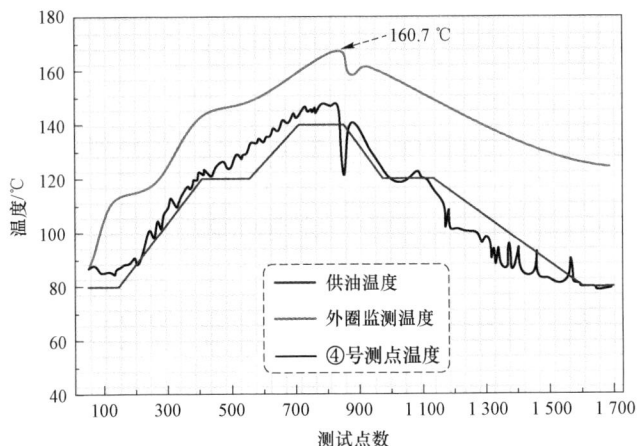

图 5-23 供油温度、外圈监测温度与④ 号测温点测试对比图

一致，且温度突变处，外圈温度变化平缓，符合轴承实际工作规律。同时，由于试验采用环下方式，内圈温度①、③号测点分布于轴承侧面，不会直接接触滑油，在其他条件（转速、载荷、供油流量）不变条件下，随供油温度变化而缓慢变化，变化趋势一致，符合实际情况。

完成恒定转速试验后，继续测试恒定供油温度（120 ℃）下，变电机转速对轴承内圈温度的影响，转速加载梯度为 10 690 r/min—12 520 r/min—10 690 r/min，测试结果如图 5-24 所示，可以看出，转速变化对内圈温度影响不明显，在电机转速稳定后，流道温度趋于平稳。

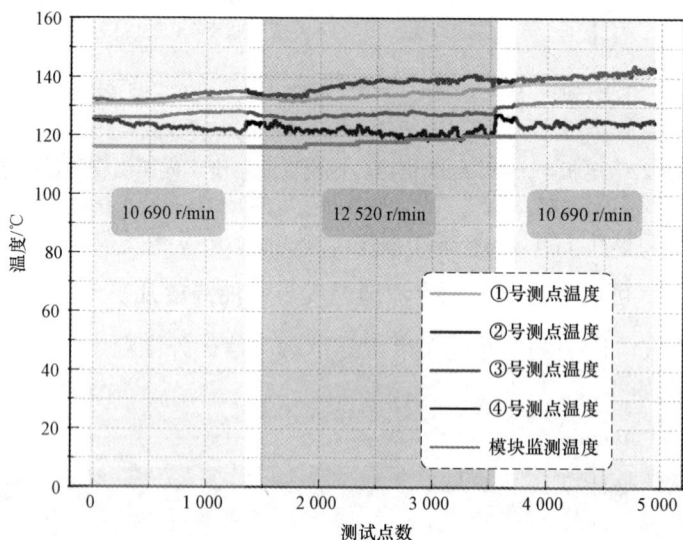

图 5-24　供油温度 120 ℃下变转速工况下内圈温度测试结果

将外圈温度、供油温度、电机转速变化图绘制在一起，如图 5-25 所示，可以看出，变转速工况时外圈温度变化斜率较大，随着转速趋于稳定，外圈温度亦趋于稳定。同时，内圈温度相对于外圈温度对转速工况的变化响应较为平缓，不同供油温度的变化情况一致。

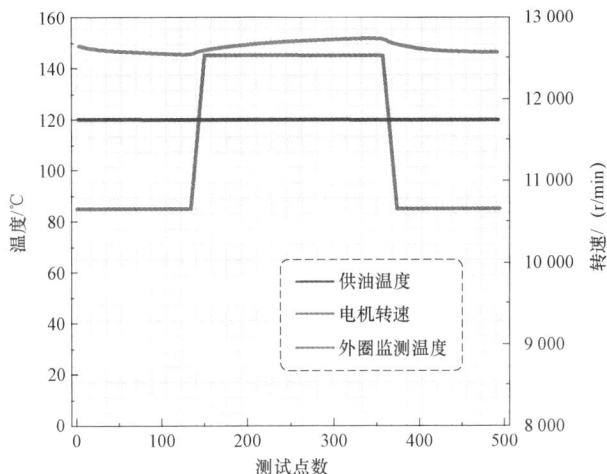

图 5-25　电机转速变化节点与外圈温度、供油温度对比图

5.3.2　高温下保持架转速测试结果与分析

　　针对轴承测试系统的耐高温保持架转速测试精度展开试验，试验采用自主搭建的高温-高转速复合测试平台，耐高温转速探头安装位置及复合测试系统连接方法如图 5-26 所示。

图 5-26　耐高温转速探头安装位置及复合测试系统连接方法

转速探头安装于台钳卡内，前端正对轴承保持架与内圈间缝隙处，加热系统的热风枪口位于探头与轴承间，并通过温度仪调控输出温度持续为200 ℃。转速探头线缆与信号采集器、上位机连接。测试时，通过高温-高转速复合测试平台的智能化控制柜开启水冷系统及润滑系统，设置电机转速从0 r/min 以 1 000 r/min 为步进值逐渐升至 10 000 r/min，待每次转速稳定后记录光电式转速非接触测试仪的保持架转速标定值与上位机界面的保持架转速测试值，对比数值间差异并绘制 0～10 000 r/min 各转速节点保持架转速测试精度，如图 5-27 所示。

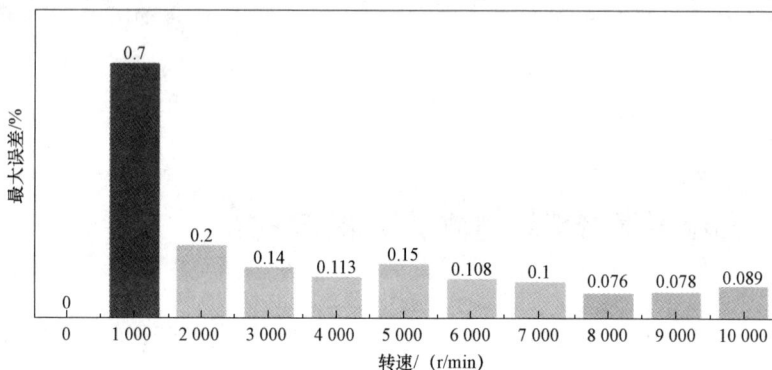

图 5-27　200 ℃下不同电机转速节点温度-转速复合系统测试结果

此外，测试系统的耐高温转速传感器也在第三方平台完成测试验证，并对不同工况环境的综合测试结果进行了分析。针对内圈无挡边圆柱滚子轴承保持架转速进行阶梯供油温度等多种工况环境下测试及对比。测试前，将耐高温转速探头通过螺纹结构安装在轴承右端盖，探头前端正对测试轴承保持架位置，引线通过舱体孔引出连接至信号采集器与上位机，完成转速数据存储与显示。耐高温转速探头在试验器上的安装方法如图 5-28所示。

试验内容为控制电机转速阶梯式 6 000 r/min—8 000 r/min—10 000 r/min—13 000 r/min—10 000 r/min—8 000 r/min—6 000 r/min 升降速过程中测试轴承保持架转速，分别测试供油温度为 80 ℃与 120 ℃下转速变化并进行对比。

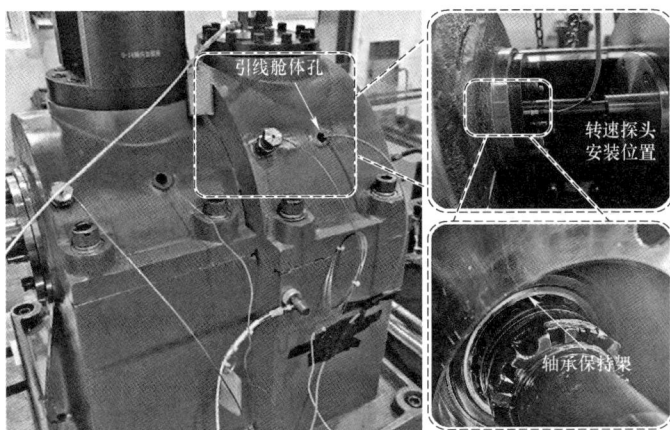

图 5-28 平台内耐高温转速传感器搭载方式

80 ℃与 120 ℃供油温度下测试工况设计见表 5-1 和表 5-2，轴承滑油流量保持为（1.2±0.1）L/min，各转速下运转时间大于等于 5 min。

表 5-1 80 ℃供油温度试验工况

序号	转速/（r/min）	滑油供油温/℃	轴承滑油流量/（L/min）	运转时间/min
1	6 000±135	80±10		≥5
2	8 000±135	80±10		≥5
3	10 000±135	80±10		≥5
4	13 000±135	80±10	1.2±0.1	≥5
5	10 000±135	80±10		≥5
6	8 000±135	80±10		≥5
7	6 000±135	80±10		≥5

表 5-2 120 ℃供油温度试验工况

序号	转速/（r/min）	滑油供油温/℃	轴承滑油流量/（L/min）	运转时间/min
1	6 000±135	120±10		≥5
2	8 000±135	120±10		≥5
3	10 000±135	120±10		≥5
4	13 000±135	120±10	1.2±0.1	≥5
5	10 000±135	120±10		≥5
6	8 000±135	120±10		≥5
7	6 000±135	120±10		≥5

试验时，主轴转速即试验轴承内圈转速，实时监控滑油供油路温度、前腔轴承温度、后腔轴承温度，80 ℃供油温度下各试验加载数据变化曲线如图 5-29 所示。其中滑油供油路温度最大值为 85 ℃，最小滑油供油路温度值为 76.1 ℃，前腔轴承温度最大值为 80.4 ℃，前腔轴承温度最小值为 72.2 ℃，后腔轴承温度最大值为 61.5 ℃，后腔轴承温度最小值为 55.8 ℃。试验设备滑油路供油流量，最大值为 3.03 L/min，最小值为 2.91 L/min。

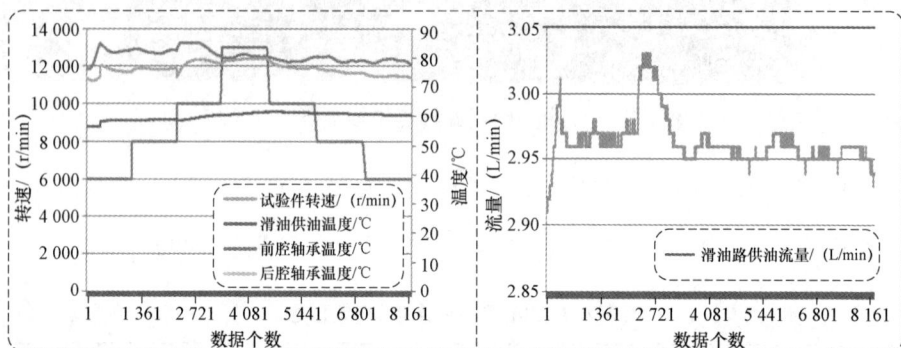

图 5-29　80 ℃供油温度试验中加载数据与监控数据变化曲线

120 ℃供油温度下各试验加载数据变化曲线如图 5-30 所示，其中滑油供油路温度最大值为 125 ℃，最小滑油供油路温度值为 116.5 ℃，前腔轴承温度最大值为 113.1 ℃，前腔轴承温度最小值为 105.5 ℃，后腔轴承温度最大值为 88.2 ℃，后腔轴承温度最小值为 82.6 ℃，试验设备滑油路供油流量最大值为 3.06 L/min，最小值为 2.95 L/min。

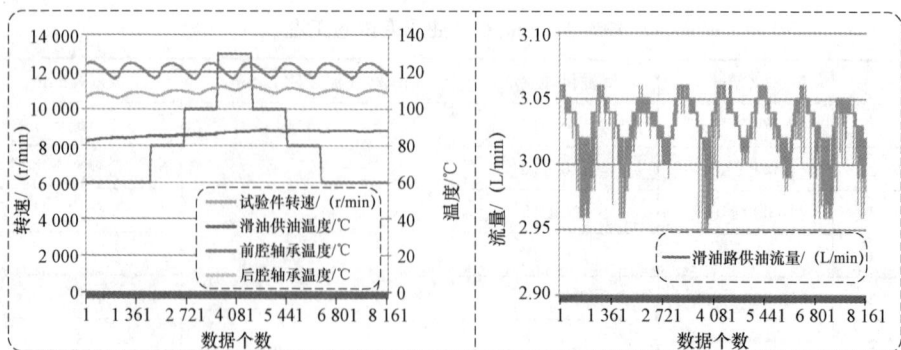

图 5-30　120 ℃供油温度试验中加载数据与监控数据变化曲线

保持架转速测试结果如图 5-31 与图 5-32 所示。其中图 5-31 为 80 ℃供油温度下保持架转速，可以看出电机转速与研究的复合参数系统测量的轴承保持架转速变化趋势基本一致。同时，图 5-32 所示 120 ℃供油温度下保持架转速数据与 80 ℃供油温度下保持架转速数据基本一致，因此在供油流量为（1.2±0.1）L/min 的工况下，供油温度对轴承保持架转速的影响极小。

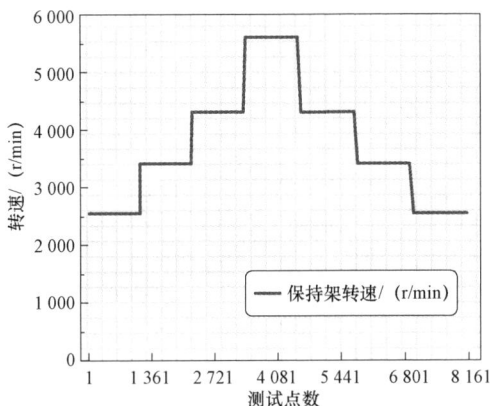

图 5-31　80 ℃供油温度试验中保持架转速测试结果

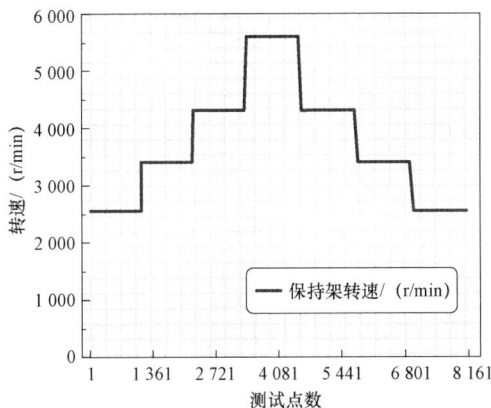

图 5-32　120 ℃供油温度试验中保持架转速测试结果

为验证系统的高转速测试性能，将转速传感器安装对准于驱动电机联轴器位置，如图 5-33 所示，电机在 8 000 r/min 转速下平稳后上升至 50 000 r/min，再降速至 8 000 r/min，如图 5-34 所示为试验器电机转速与测试系统的电机转速测试对比，可以看出系统测量转速与电机转速变化趋势基本一致，系统测量最高转速为 50 002 r/min，试验件最高转速为 50 010 r/min，误差为 8 r/min。

图 5-33　驱动电机转速测试安装

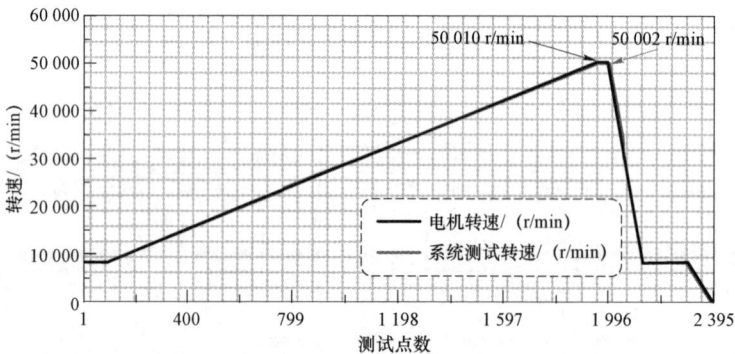

图 5-34　电机转速与系统测试转速对比图

综合以上测试结果，本研究中的旋转轴承温度/转速参数实时在线测试系统可实现 0～13 000 r/min 转速范围内温度测量，温度测试范围为 23～178.4 ℃；可实现 23～178.4 ℃范围内转速参数测量，转速测试范围为 0～50 000 r/min，最大测量偏差为 10 r/min（精度 0.02%FS）。

5.4　本章小结

在本章中，对前期研究的温度、压力、转速参数敏感器件、封装完成的传感器，以及搭建的测试系统进行了综合性能测试。采用自主搭建的高温-压力复合测试平台，以及高温-高转速复合测试平台等对传感器和测试系统的零点温度漂移、压力灵敏度、温度-压力复合环境下压力测试精度、高温下转速测试精度等进行了系统性试验，并搭载第三方检测单位试验平台完成多轮验证。

第6章 总结与展望

6.1 工作总结

针对尾喷管、主轴轴承等先进航空发动机关键部件在高温/高旋极端工况环境下温度、压力、转速等精准测试需求，本书提出了温/压/速敏感器件及系统设计制备和测试验证方法。在耐高温压力参数测试方面，通过生瓷片层压成型、碳膜填充、丝网印刷、真空钎焊、高温烧结等工艺实现耐高温差动电容式敏感器件制备，同时设计信号转换电路、数据采集电路及上位机软件补偿算法，搭建完成具备温度补偿功能的耐高温高精度压力测试系统。在旋转轴承温度/转速测试方面，设计并优化了离线式、在线式、无线供电式温度转化模块及耐高温转速传感器，搭建完成旋转轴承温度/转速参数实时在线测试系统。经测试验证，温/压/速传感测试系统在高温/高旋极端工况环境下状态参数监测方面具有广泛的应用潜力。本书的主要研究总结如下：

（1）电容式压力传感器理论模型建立：依据弹性薄板应变原理设计压力参数的电学信号表征，选用小挠度薄板理论建立电容式压力传感器的理论模型，分别研究了单电容式压力传感器、三极板差动电容式压力传感器与双极板差动电容式压力传感器的压力敏感测试及温度自补偿机理。

（2）耐高温压力敏感芯片制备工艺探究：针对单电容式、三极板差动电容式压力传感器的制备，提出了一套基于氧化铝生瓷片的层压成型-碳膜填充-丝网印刷-高温烧结工艺。针对温度自补偿的双极板差动电容式压力传感器的制备，提出一种基于熟瓷的丝网印刷-高温烧结-真空钎焊工艺，完成敏感器件制备。

（3）转换电路与传感器整体封装设计：设计制备了 C-V 转换电路，并以转速电路板的高温保护为基础，实现了封装结构的耐高温电连接、耐高温气密封，以及原位温度补偿芯片集成，最终完成了单电容式压力传感器与差动电容式压力传感器的整体保护外壳封装。

（4）旋转部件集成温度转换模块设计优化：分析了高旋转状态下轴承内圈温度信号无线传输理论模型，研究了传感器在主轴、轴承、机架等结构的布局布线、固定及测量方式。设计并优化了离线式、在线式、无线供电式温度转换模块，实现了轴承高转速状态下温度信号长时间持续性获取及无线传输。

（5）耐高温保持架转速传感器设计制造：分析了保持架滚子间周期性变化非接触转速测量理论模型，优选耐高温的钐钴磁芯-芳族聚酰亚胺漆包铜线作为核心材料，通过精密封装结构设计与加工，完成耐高温转速传感器制备。

（6）耐高温高精度压力测试系统搭建：基于差动电容式耐高温压力敏感芯片、转换电路及耐高温封装外壳形成的耐高温压力传感器研究成果，设计信号采集电路与温度补偿软件算法，搭建出一套同时具备芯片端硬件温度补偿及上位机软件温度补偿功能的耐高温高精度压力测试系统。

（7）旋转轴承温度/转速在线测试系统搭建：基于离线式、在线式、无线供电式温度转换模块与耐高温转速传感器研究成果，设计并完成温度信号无线获取、转速信号读取调理信号采集器以及上位机软件，搭建出一套具备旋转轴承温度与转速信号实时在线获取并存储显示的测试系统。

（8）复合参数测试平台搭建与测试：针对传感器件与系统的多参数测试需求，自主搭建了高温-压力复合测试平台、高温-转速复合测试平台等并进行了多项联合测试。此外，测试系统搭载第三方检测单位测试平台进行了温度、压力、转速等复合参数验证性试验。

6.2 工作展望

本书主要针对高温/高旋极端工况环境下先进航空发动机关键部件的温度、压力、转速等参数原位测试需求，制备了温度、压力、转速参数的耐高温高精度传感器件，并设计了硬件采集电路与上位机软件，搭建完成具有温度补偿功能的耐高温高精度压力测试系统，以及旋转轴承温度/转速参数实时在线测试系统。尽管目前取得了一定研究成果，但仍需要继续深入研究，在器件层、系统端和实际应用改进方面做进一步的研究规划，具体包括以下几个方面。

（1）本书研究了三极板与双极板差动电容式压敏芯片的设计与制备方法，其中三极板差动电容式压敏芯片因中间层塌陷未能进行后续封装应用，双极板差动电容式敏感芯片虽完成封装测试，但其尺寸较大且因钎焊材料导致的耐温极限较低，限制了其工程应用进展。因此，后期需通过引入微纳加工技术开展差动电容式压敏芯片小型化、集成化研究，并通过直接键合等工艺完成瓷片层间结合，进一步提升敏感芯片的耐高温性能。

（2）本书针对设计制备的耐高温敏感芯片进行了整体封装和温度补偿的测试系统搭建，但是封装结构因焊接材料、密封材料等诸多限制，整体结构较为复杂、庞大，导致传感器内部焊点、引线等各分段均存在温度漂移误差，且在升降温过程中滞后较大，导致在软件温度补偿后亦存在较大测试误差。因此，在后期需针对小型化敏感芯片的研究基础上，针对性研究低寄生电容、低滞后误差的耐高温温-压传感器整体封装方法，进一步提升压力测试系统的测试精度。

（3）本书研究的旋转轴承温度/转速参数实时在线测试系统已完成多轮测试验证，实现了高温旋转轴承的温度、转速状态参数的高精度测量。但是，最新设计的无线供电式温度转换模块仍需外部供电至轴承端面，在实际测试应用中对安装设计要求较高，同时耐高温转速探头的原始输出信号幅值随转速、位移的影响较大，对转换电路要求较高。因此，后续需探究自供电式温度转换模块和电涡流式耐高温转速探头的设计与制备方法，提升测试系统的应用转化能力。

参考文献

［1］ 牛宝祺，李伦，李济顺，等. 基于多因素的风电主轴轴承疲劳寿命分析 ［J］. 轴承，2022（8）：9-14，18.

［2］ 李彬彬，寇志海，郭宇航. 高速旋转轴承温度测量技术综述 ［J］. 科技 创新与应用，2022，12（20）：160-164.

［3］ 王雅. 面向旋转环境测试的无线无源温度-应变双参数传感器研究 ［D］. 太原：中北大学，2021.

［4］ Wang H, Chen P. Intelligent diagnosis method for rolling element bearing faults using possibility theory and neural network ［J］. Computers & Industrial Engineering, 2010, 60(4)：511-518.

［5］ 芦奕霏. 基于深度学习的轴承故障诊断方法研究 ［D］. 南京：南京邮电 大学，2022.

［6］ 李泽东，李志农，陶俊勇，等. 基于特征融合的注意力增强卷积神经网 络的航空发动机滚动轴承故障诊断方法 ［J］. 兵工学报，2022，43（12）：3228-3239.

［7］ Boškoski P, Gašperin M, Petelin D. Bearing fault prognostics based on signal complexity and Gaussian process models［C］//2012 IEEE Conference on Prognostics and Health Management. IEEE, 2012: 1-8.

［8］ 林水泉. 基于旋转机械滚动轴承的时域故障诊断方法 ［J］. 自动化技术 与应用，2020，39（8）：1-5，35.

［9］ 向智大. 航空发动机温度传感器故障分析 ［D］. 天津：中国民航大学，2018.

［10］ Cheng Y, Jin T, Luo K, et al. Large eddy simulations of spray combustion instability in an aero-engine combustor at elevated temperature and pressure ［J］. Aerospace Science and Technology, 2020, 108(5): 106329.

［11］ Zhang Q, Li X. Study on the cause of bearing overheating in high-speed train bogie and its prevention measures ［J］. Journal of Traffic and Transportation Engineering, 2016, 3(3): 324-330.

［12］ Takabi J, Khonsari M M. Experimental testing and thermal analysis of ball bearings ［J］. Tribology International, 2013, 60: 93-103.

［13］ Saturday E G, Li Y, Ogiriki E A, et al. Creep-life usage analysis and tracking for industrial gas turbines ［J］. Journal of Propulsion and Power, 2017, 33(5): 1305-1314.

［14］ 江华栋. 微型涡轮发动机总体设计及全通流数值模拟研究 ［D］. 哈尔滨：哈尔滨工业大学，2021.

［15］ 王磊，陶智，王海潮，等. 旋转涡轮叶片前缘热色液晶测温技术研究 ［J］. 航空动力学报，2017，32（11）：2638-2645.

［16］ Rudenkyi G S, Timofeeva V E, Kunchenko V A, et al. Enhancement of the heat resistance of coatings for the blades of gas-turbine engines ［J］. Materials Science, 2020, 55(4): 1-8.

［17］ El-Thalji I, Jantunen E. A summary of fault modelling and predictive health monitoring of rolling element bearings［J］. Mechanical Systems and Signal Processing, 2015, 60-61(8): 252-272.

［18］ 金桐彤. 考虑域影响的旋转机械故障诊断方法研究 ［D］. 长春：吉林大学，2022.

［19］ 张天缘. 基于深度学习的滚动轴承故障诊断和 RUL 预测方法研究［D］. 太原：中北大学，2023.

［20］ Cong F, Chen J, Dong G, et al. Vibration model of rolling element bearings in a rotor-bearing system for fault diagnosis ［J］. Journal of Sound and

Vibration, 2013, 332(8): 2081-2097.

［21］陈正威. 基于微晶模型滚动轴承疲劳裂纹萌生机理与可靠性评估方法 ［D］. 鞍山：辽宁科技大学，2021.

［22］中华人民共和国国务院.《扩大内需战略规定纲要（2022—2035 年）》. 中国政府网. 中华人民共和国国务院. 2022. 12. 14.

［23］黄海军，王雪，薛楷杰. 滚动轴承保持器磨损对轴承失效的影响［J］. 润滑与密封，2021，46（7）：128-136.

［24］桑豆豆，卢洪义，杨禹成，等. 发动机旋转部件温度实时无线测试系统设计 ［J］. 传感器与微系统，2024，43（3）：84-87，91.

［25］梁潘婷，张盼，闫柯，等. 面向旋转组件温度监测的量子点传感器性能强化研究 ［J］. 机械工程学报，2021，57（14）：188-194.

［26］Huang H S. Effect of material defects on crack initiation under rolling contact fatigue in a bearing ring ［J］. Tribology International, 2013, 66: 315-323.

［27］Jiabao Y, Shuai C, Congcong F, et al. Tribo-dynamics analysis of engine small-end bearing under real temperature boundary conditions by a wireless in-situ measuring technology ［J］. Tribology International, 2024, 192: 109217.

［28］高蒙. 用于激光量热技术的高精度温度检测技术的研究 ［D］. 成都：电子科技大学，2022.

［29］Henao S J A. 2005 IEEE Instrumentation and Measurement Technology Conference Proceedings: Contactless Monitoring of Ball Bearing Temperature ［C］. Canada, 2005: 1571-1573.

［30］龚恒. 碳素钢热处理温度非接触式测量系统研究 ［D］. 重庆：西南大学，2014.

［31］陈俊良. 涡轮盘非接触式测温技术研究 ［D］. 武汉：华中科技大学，2015.

［32］ Jacovelli P B, Zinke O H. The thermocouple revisited: The benedicks and seebeck effects ［J］. Journal of Non-Equilibrium Thermodynamics, 2019, 44(4): 373-383.

［33］ 程冬. 浅析热电偶传感器的测温原理 ［J］. 景德镇学院学报，2016，31（6）：6-8.

［34］ Wrbanek J, Fralick G. Thin film physical sensor instrumentation research and development at NASAGlenn research center ［R］. NASA/TM, 2006, 467: 168-177.

［35］ Grant H, Przybyszewski J S, Claing R G. Turbine blade temperature measurements using thin film temperature sensors ［R］. Turbine Blades, 1981, 718: 25-43.

［36］ Satish T, Rakesh K, Uma G, et al. Functional validation of K-Type(NiCr-NiMn)thin film thermocouple on low pressure turbine nozzle guide vane(LPT NGV)of gas turbine engine ［J］. Experimental Techniques, 2017, 41(2): 131-138.

［37］ 魏锦俊. 热电偶自动检定系统的研发 ［D］. 杭州：浙江大学，2017.

［38］ 周广兴. 多通道热电偶测温系统设计与实现 ［D］. 太原：中北大学，2023.

［39］ Cui Y, Gao P, Tang W, et al. Adaptive thin film temperature sensor for bearing's rolling elements temperature measurement ［J］. Sensors, 2022, 22(8): 2838.

［40］ Arjun C, Diane L, Korissa T, et al. Relative temperature maximum in wound infection and inflammation as compared with a control subject using long-wave infrared thermography ［J］. Advances in skin wound care, 2017, 30(9): 406-414.

［41］ Ben Mbarek S, Alcheikh N, Younis M I. Recent advances on MEMS based Infrared Thermopile detectors ［J］. Microsystem technologies, 2022(8): 28.

［42］ Hou H, Huang Q, Liu J, et al. Si_3N_4-TiN loaded carbon coating with porous structure as broadband light superabsorber for uncooled IR sensors ［J］. Infrared Physics & Technology, 2020, 105: 103240.

［43］ Li W, Ni Z, Wang J, et al. A front-side microfabricated tiny-size thermopile infrared detector with high sensitivity and fast response ［J］. IEEE Transactions on Electron Devices, 2019, 66(5): 2230-2237.

［44］ Dong Y F, Zhou Z D, Liu Z C, et al. Temperature field measurement of spindle ball bearing under radial force based on fiber Bragg grating sensors ［J］. Advances in Mechanical Engineering, 2015, 7(12): 1-6.

［45］ Mezzadri F, Janzen F C, Martelli G, et al. Optical-fiber sensor network deployed for temperature measurement of large diesel engine ［J］. IEEE Sensors Journal, 2018, 18(9): 3654-3660.

［46］ Hou Y R, Niu P J, Shi J, et al. Belt conveyor speed detection based on fiber-optic Sagnac interferometer vibration sensor［J］. Laser Physics, 2024, 34(3).

［47］ de Pelegrin J, Dreyer U J, Sousa K M, et al. Smart carbon-fiber reinforced polymer optical fiber bragg grating for monitoring fault detection in bearing ［J］. Ieee Sensors Journal, 2022, 22(13): 12921-12929.

［48］ Zheng D, Wang L, Gu L, et al. High speed rolling bearing cage rotation speed monitoring using optical fiber sensor ［C］//6th International Symposium on Advanced Optical Manufacturing and Testing Technologies: Optical Test and Measurement Technology and Equipment. SPIE, 2012, 8417: 846-850.

［49］ 武鹏飞. 大量程超高温光纤温度传感器技术研究 ［D］. 南昌：南昌航空大学，2013.

［50］ Wang A, Gollapudi S, Murphy K A, et al. Sapphire-fiber-based intrinsic Fabry-Perot interferometer ［J］. Optics Letters, 1992, 17(14): 1021-1023.

［51］ Yutong Z, Yi J, Xinxing F, et al. Review of sapphire Fiber high temperature Fabry-Perot sensor［J］. Semiconductor Optoelectronics, 2022, 43(4): 10.

［52］ Cui Y, Jiang Y, Zhang Y, et al. An all-sapphire fiber temperature sensor for high-temperature measurement［J］. Measurement Science and Technology, 2022, 33(10): 105115.

［53］ Gunawardena D S, Law O K, Liu Z, et al. Resurgent regenerated fiber Bragg gratings and thermal annealing techniques for ultra-high temperature sensing beyond 1 400 ℃ ［J］. Optics express, 2020, 28(7): 10595-10608.

［54］ Dutz F J, Heinrich A, Bank R, et al. Fiber-optic multipoint sensor system with low drift for the long-term monitoring of high-temperature distributions in chemical reactors ［J］. Sensors, 2019, 19(24): 5476.

［55］ Silva M, Barros T, Alves H P, et al. Evaluation of fiber optic Raman scattering distributed temperature sensor Between-196 and 400 degrees ［C］//IEEE Sensors Journal, 2021, 21: 2

［56］ Liu B, Yu Z, Hill C, et al. Sapphire-fiber-based distributed high-temperature sensing system ［J］. Optics letters, 2016, 41(18): 4405-4408.

［57］ Liu B, Buric M P, Chorpening B T, et al. Design and implementation of distributed ultra-high temperature sensing system with a single crystal fiber ［J］ Journal of Lightwave Technology, 2018, 36(23): 5511-5520.

［58］ 陈冠男. 声学法仓储粮食温度检测关键技术的研究 ［D］. 沈阳：沈阳工业大学，2012.

［59］ 安连锁，沈国清，姜根山，等. 炉内烟气温度声学测量法及其温度场的确定 ［J］. 热力发电，2004（9）：40-42，84.

［60］ Wang Y, Zou F, Cegla F B. Acoustic waveguides: An attractive alternative for accurate and robust contact thermometry [J]. Sensors and Actuators A: Physical, 2018, 270: 84-88.

［61］ Jia R, Wang L, et al. Study of ultrasonic thermometry based on ultrasonic time-of-flight measurement [J]. Aip Advances, 2016, 6(3): 23-33.

［62］ Wang H, Zhou X, Yang Q, et al. A reconstruction method of boiler furnace temperature distribution based on acoustic measurement [J]. IEEE Transactions on Instrumentation and Measurement, 2021, 70: 1-13.

［63］ Zhang M, Zhao Z, Du L, et al. A film bulk acoustic resonator-based high-performance pressure sensor integrated with temperature control system[J]. Journal of Micromechanics and Microengineering, 2017, 27(4): 45004.

［64］ Jiahao Z, Yanhui X, Jun H, et al. The research of dual-mode film bulk acoustic resonator for enhancing temperature sensitivity [J]. Semiconductor Science and Technology, 2021, 36(2): 25018.

［65］ Li X, Liang X, Liu Q, et al. A novel packaging structure and process for high temperature silicon piezoresistive pressure sensor [J]. Journal of Engineering Science & Technology Review, 2021, 14: 2.

［66］ Li X, Liu Q, Pang S, et al. High-temperature piezoresistive pressure sensor based on implantation of oxygen into silicon wafer [J]. Sensors & Actuators: A. Physical, 2012, 179: 277-282.

［67］ Li S, Liang T, Wang W, et al. A novel SOI pressure sensor for high temperature application [J]. Journal of Semiconductors, 2015, 36(1): 14014.

［68］ Okojie R S, Lukco D, Nguyen V, et al. 4H-SiC piezoresistive pressure sensors at 800 ℃ with observed sensitivity recovery [J]. IEEE Electron Device Letters, 2015, 36(2): 174-176.

［69］ Okojie R S, Meredith R D, Chang C T, et al. High temperature dynamic pressure measurements using silicon carbide pressure sensors［J］. Additional Conferences(Device Packaging HiTEC HiTEN & CICMT), 2014, 2014: 47-52.

［70］ Zong Y, Ting L, Pinggang J, et al. A high-temperature piezoresistive pressure sensor with an integrated signal-conditioning circuit［J］. Sensors, 2016, 16(6): 913.

［71］ Zhao L B, Zhao Y L, Jiang Z D. Design and fabrication of a piezoresistive pressure sensor for ultra high temperature environment［J］. Journal of Physics Conference Series, 2006, 48(1): 178.

［72］ Nguyen T K, Phan H P, Dinh T, et al. Highly sensitive 4H-SiC pressure sensor at cryogenic and elevatedtemperatures［J］. Materials & design, 2018, 156(10): 441-445.

［73］ Ha K H, Huh H, Li Z, et al. Soft capacitive pressure sensors: Trends, challenges, and perspectives［J］. ACS nano, 2022(3): 16.

［74］ 王慧. 基于电容传感器的高精度液位检测装置设计［J］. 工业控制计算机，2023，36（10）：49-51.

［75］ Young D J, Du J, Zorman C A, et al. High-temperature single-crystal 3C-SiC capacitive pressure sensor［J］. IEEE Sensors Journal, 2015, 4(4): 464-470.

［76］ Chen L, Mehregany M. A silicon carbide capacitive pressure sensor for high temperature and harsh environment applications［C］//Proc. 14th Int. Conf. Solid-State Sensors, Actuat. Microsystems. Lyon, France, 2007, 6: 2597-2600.

［77］ Jin S, Rajgopal S, Mehregany M. Silicon carbide pressure sensor for high temperature and high pressure applications: Influence of substrate material on performance［C］//Proc. 16th Int. Solid-State Sensors, Actuat. Microsystems Conf. . Beijing, China, 2011, 6: 2026-2029.

［78］ Tan Q, Lu F, Ji Y, et al. LC temperature-pressure sensor based on HTCC with temperature compensation algorithm for extreme 1100 ℃ applications ［J］. Sensors & Actuators A Physical, 2018, 280: 437-446.

［79］ Sturesson P, Khaji Z, Knaust S, et al. Thermomechanical properties and performance of ceramic resonators for wireless pressure reading at high temperatures［J］. Journal of Micromechanics and Microengineering, 2015, 25(9): 95016.

［80］ Huixin Z, Yingping H, Ting L, et al. Phase interrogation used for a wireless passive pressure sensor in an 800 ℃ high-temperature environment ［J］. Sensors, 2015, 15(2): 2548-2564.

［81］ Tan Q, Li C, Xiong J, et al. A high temperature capacitive pressure sensor based on alumina ceramic for in situ measurement at 600 ℃ ［J］. Sensors, 2014, 14(2): 2417-2430.

［82］ Fu M, Zhang J, Jin Y, et al. A highly sensitive, reliable, and high-temperature-resistant flexible pressure sensor based on ceramic nanofibers ［J］. Advanced Science, 2020, 7(17): 2000258.

［83］ Wang Z, Chen J, Wei H, et al. Sapphire Fabry-Pérot interferometer for high-temperature pressure sensing ［J］. Applied Optics, 2020, 59(17): 5189-5196.

［84］ Yin J, Liu T, Jiang J, et al. Batch-producible all-silica fiber-optic Fabry-Pérot pressure sensor for high-temperature applications up to 800 ℃ ［J］. Sensors & Actuators A Physical, 2022, 334: 113363.

［85］ Ma W, Jiang Y, Gao H. Miniature all-fiber extrinsic Fabry-Pérot interferometric sensor for high-pressure sensing under high-temperature conditions［J］. Measurement Science and Technology, 2019, 30(2): 25104.

［86］ Li W. Fiber-optic Fabry-Pérot pressure sensor based on sapphire direct bonding for high-temperature applications［J］. Applied Optics, 2019, 58(7):

1662-1666.

［87］ Tan X, Geng Y, Li X, et al. High temperature microstructured fiber sensor based on a partial-reflection-enabled intrinsic Fabry-Pérot interferometer ［J］. Applied Optics, 2013, 52(34): 8195-8198.

［88］ Chen P, Shu X. Refractive-index-modified-dot Fabry-Pérot fiber probe fabricated by femtosecond laser for high-temperature sensing ［J］. Optics Express, 2018, 26(5): 5292-5299.

［89］ Liang H. Diaphragm-free fiber-optic Fabry-Pérot interferometric gas pressure sensor for high temperature application ［J］. Sensors, 2018, 18(4): 1011.

［90］ Zhu Y, Huang Z, Shen F, et al. Sapphire-fiber-based whitelight interferometric sensor for high-temperature measurements ［J］. Optics Letters, 2005, 30(7): 711-713.

［91］ Zhang Y, Yuan L, Lan X, et al. High-temperature fiber-optic Fabry-Pérot interferometric pressure sensor fabricated by femtosecond laser［J］. Optics Letters, 2013, 38(22): 4609-4612.

［92］ Kaur A, Watkins S E, Huang J, et al. Microcavity strain sensor for high temperature applications ［J］. Optical Engineering, 2014, 53(1): 17105.

［93］ Jia P. Temperature-compensated fiber-optic Fabry-Pérot interferometric gas refractive-index sensor based on hollow silica tube for high-temperature application ［J］. Sensors and Actuators B: Chemical, 2017, 244: 226-232.

［94］ Li Z. Microbubble-based fiber-optic Fabry-Pérot pressure sensor for high-temperature application［J］. Applied Optics, 2018, 57(8): 1738-1743.

［95］ Gao H, Jiang Y, Cui Y, et al. Dual-cavity Fabry-Pérot interferometric sensors for the simultaneous measurement of high temperature and high pressure ［J］. IEEE Sensors Journal, 2018, 18(24): 10028-10033.

［96］ Zhang Q, Lei J, Chen Y, et al. 3D printing of all-glass fiber-optic pressure sensor for high temperature applications ［J］. IEEE Sensors Journal, 2019, 19(23): 11242-11246.

［97］ Liang T, Li W, Lei C, et al. All-SiC fiberoptic sensor based on direct wafer bonding for high temperature pressure sensing［J］. Photonic Sensors, 2022, 12(2): 130-139.

［98］ Wang X, Jiang J, Wang S, et al. All-silicon dual-cavity fiber-optic pressure sensor with ultralow pressure-temperature cross-sensitivity and wide working temperature range ［J］. Photonics Research, 2021, 9(4): 521-529.

［99］ Ma J, Li Z, Zhan L, et al. Research on non-contact aerospace bearing cage-speed monitoring based on weak magnetic detection ［J］. Mechanical Systems and Signal Processing, 2022, 171: 108785.

［100］ 李正辉，韩松，毕明龙，等. 基于弱磁探测技术的轴承滚动体转速检测方法研究 ［J］. 轴承，2020（9）：57-62.

［101］ 胡立志. 基于磁电复合材料的弱磁传感器及其应用研究 ［D］. 上海：华东师范大学，2023.

［102］ Lu C, Zhu R, Yu F, et al. Gear rotational speed sensor based on FeCoSiB/Pb(Zr, Ti)O$_3$ magnetoelectric composite ［J］. Measurement, 2021, 168: 108409.

［103］ Li Y, Liu Z, Xu D, et al. Development of Magnetoelectric Speed Sensor for Engine with High Environment Adaptability ［C］ //Journal of Physics: Conference Series. IOP Publishing, 2021, 1744(2): 22139.

［104］ Wu Z, Bian L, et al. Magnetoelectric effect for rotational parameters detection ［J］. IEEE Transactions on Magnetics, 2016, 52(7): 4001904.

［105］ Shi Z, Huang Q, Wu G, et al. Design and development of a tachometer using magnetoelectric composite as magnetic field sensor ［J］. IEEE Transactions on Magnetics, 2017, 57(7): 4000604.

［106］ Lu C, Zhu R, Yu F, et al. Gear rotational speed sensor based on FeCoSiB/Pb(Zr, Ti)O$_3$ magnetoelectric composite ［J］. Measurement, 2021, 168: 108409.

［107］ 蔡骁, 张龙凯, 王金华, 等. 单颗粒铁粉燃烧特性及产物形貌分析［J］. 化工学报, 2023, 74（11）: 4702-4709.

［108］ 王李孙. 基于霍尔传感器的数字转速表设计［J］. 数码世界, 2019（7）: 121.

［109］ 朱维琳. 基于霍尔传感器在转速测量方面的应用 ［J］. 电子技术与软件工程, 2018（22）: 75.

［110］ 张玲娜, 毛敏. 基于霍尔传感器的电机转速测量系统设计 ［J］. 山东工业技术, 2015（21）: 145-146.

［111］ 李红霞. 霍尔传感器在转速测量中的应用 ［J］. 中小企业管理与科技（上旬刊）, 2014（10）: 193.

［112］ Kuang H X, Yao Y Z, Yao Y Z, et al. Design of rotational speed measurement system based on the hall sensor［J］. Applied Mechanics and Materials, 2013, 2748(427-429): 596-599.

［113］ Kathirvelan J, Varghese B, Ponnary U, et al. Hall effect sensor based portable tachometer for RPM measurement ［J］. International Journal of Computer Science and Engineering Communications, 2014, 2(1), 100-105.

［114］ Kuang X. Design of rotational speed measurement system based on the hall sensor ［J］. AppliedMechanics and Materials, 2013, 2748(427), 569-599.

［115］ 王文英. 用光电传感器测量电机转速［J］. 光谱实验室, 2013, 30（2）: 1018-1020.

［116］ 高雁, 郭红英. 光电传感器在电机测速表中的应用研究 ［J］. 数字技术与应用, 2013（8）: 63, 65.

［117］ Kukharchuk V V, Pavlov S V, Holodiuk V S, et al. Information conversion in measuring channels with optoelectronic sensors［J］. Sensors, 2021，22（1）：271.

［118］ 何学工，王媛媛，姚玉梅. 光电技术在机轮速度传感器中应用研究［C］//航空工业测控技术发展中心，中国航空学会测试技术分会，状态监测特种传感技术航空科技重点实验室. 第十六届中国航空测控技术年会论文集. 航空工业西安航空制动科技有限公司，2019：4.

［119］ 盛国林，黄平. 光电式传感器在现代工业生产中的应用［J］. 新技术新工艺，2014（7）：1-3.

［120］ 郭长锐，张玉东. 光电转速传感器的工作原理、测试及故障分析［J］. 铁道技术监督，2008（8）：18-19.

［121］ Zheng D, Wang L, Gu L, et al. High speed rolling bearing cage rotation speed monitoring using optical fiber sensor［C］//6th International Symposium on Advanced Optical Manufacturing and Testing Technologies: Optical Test and Measurement Technology and Equipment. SPIE, 2012, 8417: 846-850.